마을 사람과 뉴타워즈

이 도서는
한국출판문화산업진흥원
2018년 우수출판콘텐츠 제작
지원 사업 선정작입니다.

마을 사람과 늘 타운하우스

펴낸날	2018년 11월 31일 초판 1쇄
지은이	이상현
펴낸곳	발언미디어(도서출판 발언)
펴낸이	문영미
주　소	서울시 노원구 중계로 8길 29, 106-502
등록번호	제305-2002-000073호(1993년 6월 1일)
전　화	02)929-3546
팩　스	02)929-3548
이메일	baleon@hanmail.net
페이스북	facebook.com/BALEONpublishinghouse
ISBN	978-89-7763-091-8 93610

값 18,000원

ⓒ 이상현 2018

※ 이 책에서 사용된 이미지의 저작권은 저작권자와 출판권자에게 있습니다.
※ 잘못된 책은 구입하신 곳에서 교환하여 드립니다.

마을 사람과 뉴타우니즈

이상현 지음

부모는 마을에 살고, 자식은 뉴타운에 산다.
부모의 마을과 자식의 뉴타운은 얼마나 양립해 다를까?

contents

저자서문 ──── 6

프롤로그 ──── 18
부모와 자식의 기행을 위하여

제 1 부 부모의 마을과 자식의 뉴타운

1. 이해하기 어려운 일본인 ──── 28
2. 길들이는 건축, 길들여진 인간 ──── 44
　　공간과 행동
　　공간과 행동 그리고 무한 반복
　　공간, 행동, 무한 반복 그리고 습관
　　공간, 행동, 무한 반복, 습관 그리고 가치관
　　길들이는 건축, 길들여진 인간
　　인간의 이해와 건축 공간
3. 이해하기 어려운 부모 세대 ──── 59
　　이해하기 어려운 부모
　　세대 차이
　　근대와 탈근대를 거치는 특별한 세대 차이
　　부모의 마을
4. 부모의 마을, 자식의 뉴타운 ──── 72
　　부모는 마을에 살고, 자식은 뉴타운에 산다
　　마을과 뉴타운은 다른가?
　　진화한 마을, 만들어진 뉴타운
　　건축가의 반성
　　부모의 유년 기행
5. 건축과 도시를 보는 눈에 대해서 ──── 90
　　마을을 방문하기 전에
　　이해의 틀
　　공간구조 틀로서의 영역 만들기와 통로 만들기
　　영역의 경계 만들기
　　영역의 내부 만들기
　　통로 만들기

제 2 부 부모의 유년 기행

1. 기차역 vs. 아파트 주차장 ──── 108
　　도시의 출입구 vs. 주택의 출입구
2. 오일장 vs. 마트 ──── 118
　　닷새 후에 vs. 지금 당장
3. 극장 vs. 멀티플렉스 ──── 130
　　극장 구경 간다. vs. 영화 보러 간다.
4. 셋방 vs. 다가구주택 ──── 143
　　주인집 둘째 도련님 vs. 1602호 둘째 녀석
5. 나뭇가지형 길 vs. 격자형 도로 ──── 158
　　길에서 놀다 vs. 길을 지나가다
6. 조양문 vs. 조양문 ──── 177
　　조양문에서 놀다 vs. 조양문을 바라보다
7. 공터 vs. 데드 스페이스 ──── 192
　　남겨둔 공간 vs. 버려진 공간
8. 가족탕 vs. 찜질방 ──── 204
　　집단 프라이버시 vs. 개인 프라이버시
9. 집성촌 vs. 부자촌 ──── 214
　　권위-순종 vs. 권력-복종
10. 금지된 공간 vs. 금지된 욕망 ──── 228
　　실재하는 판타지 vs. 게임 속의 판타지
11. 귀신과 함께 사는 집 vs. 세콤과 함께 사는 집 ──── 242
　　귀신과 함께 산다 vs. 세콤과 함께 산다
12. 아버지 같은 아버지 vs. 친구 같은 아버지 ──── 256
　　사랑채 주인과 베란다 주인

에필로그 ──── 272
　　세대 차이
　　근대적 건축가의 탄생
　　마을 만들기와 뉴타운 건설 목적의 차이
　　판단 기준, 건축계획 방법론, 그리고 가치관 차이
　　마을과 뉴타운의 영역 만들기 차이
　　마을과 뉴타운의 통로 만들기 차이
　　왜 마을과 뉴타운은 다른가?
　　건축도시는 사람의 행동을 담는 그릇
　　마을에 사는 자영업자
　　뉴타운에 사는 월급쟁이
　　마을과 뉴타운의 차이
　　억압된 것으로의 고차원적 회귀 그리고 부모의 유년 기행

저자서문

베란다 밖을 내다봤다. 막내가 놀이터에서 놀고 있는 모습이 보인다. 이제는 엄마, 아빠가 졸졸 따라다니며 살피지 않아도 되는 나이가 됐다. 하지만 먼 발치에 서라도 지켜보고 있어야 맘이 놓인다. 놀이터에는 놀이 기구들이 그럭저럭 잘 갖추어져 있다. 미끄럼틀, 그네, 시소, 흔들이 그리고 뛰어놀 만한 공간이 있다. 아주 좋다고는 하지 못해도 나쁘다는 말은 안 나온다. 우리 어릴 적과 비교하자면 더욱 그렇다. 그 시절에 미끄럼틀, 그네, 시소 같은 것들은 학교 운동장에서나 누려볼 사치였다.

우리 어릴 적보다 좋은 건 분명한데 어딘가 찜찜한 구석이 있다. 얼핏 이런 생각이 든다. 개울, 산, 들 같은 것이 빠져 있어서 그런건가? 그런데 그것도 아니다. 요즘 아파트는 외부 공간이 아주 좋다. 아파트 단지 중앙에 광장을 만들고 거기에 분수대를 설치해서 물을 흘려 개울을 만든다. 잔디밭과 화단을 조성해서 산과 들도 만들어 놓았다. 그러니 얼핏 든 생각이 그리 맞는 것 같진 않다. 뭔가 필요한 것이 '있다' '없다'로 얘기하자면 지금 아이들 놀이터가 우리 어릴 적 놀이터와 비교가 되지 않을 정도로 더 좋다.

찜찜한 구석을 끝까지 찾아가 보니 드는 생각은 요즘 아이들이 노는 공간은 모두가 다 인공적이라는 것이다. 그리고 유사한 맥락이기는 하지만 꼭 지적해 두고 싶은 것은 지나치게 계획적이라는 것이다.

놀이터를 둘러싸고 있는 개울과 산과 들은 모두 인공적으로 만들어 놓은 것이다. 원래부터 그 자리에 있었던 자연이 아니다. 자연적이기는 하지만 자연은 아니다. 자연을 닮게 만들어서 자연을 느끼게 해주는 건 좋지만 그래도 여전히 자연은 아니다. 자연적인 환경이 요즘 아이들에게 자연을 잘못 알게 하는 건지도 모르겠다. 요즘 아이들이 크면 자연적인 것을 자연이라고 오해하고 그걸 당연하게 여길지도 모르겠다. 콜라 맛 사탕이 생각난다. 콜라 향이 나는 사탕이다. 대개 사탕은 딸기나 포도 같은 자연 산물의 맛을 흉내 낸다. 그런데 콜라는 뭔가? 콜라가 발명되어 일상적인 음식이 된 후에 태어난 사람들은 콜라의 맛을 자연의 맛과 같은 것이라고 여기는지도 모르겠다. 그들에게 콜라 맛을 흉내 내는 것은 자연의 맛을 흉내 내는 셈이다.

지나치게 계획적이라는 것도 마음에 걸린다. 계획적이라는 건 인위적이라는 말도 된다. 그런데 이 말은 '자연적이지 않다'라는 말과는 좀 다르다. 자연적이라면 자연을 모방하는 건데, 계획적이라는 것은 조작하는 대상이 자연이든 인공이든 가리지 않기 때문이다. 자연이 됐든 인공이 됐든 이미 있는 것들을 사용하는데, 지나치게 용도와 방법을 구체적으로 한정하고 있다는 뜻이다. 계획이 의도하지 않은 용도와 방법을 추구해서는 안 된다. 이 지점에서 찜찜함이 또 한 번 모습을 구체적으로 드러낸다.

아파트 단지 내 놀이터에서는 모든 아이들이 같은 기구를 가지고 똑같은 방식으로 논다. 그러나 우리가 어릴 적에는 안 그랬었다. 놀이 도구가 별로 다양하지 못했던 우리 어린 시절에 아이들은 흔히 놀이의 발명가가 되었다. 놀이 도구가 변변치 못하다 보니 있는 것이나마 이리저리 놀이의 목적과 방법을 바꾸어 가며 놀아야만 했기 때문이다.

자연적이고 계획적인 것에는 방법론이 들어 있다. 이리 저리해서 자연적으로 그리고 계획적으로 만든다. 이 방법론이 문제다. 놀이터를 만드는 사람이라면 모두가 이 방법론을 알고 있다. 그냥 대충 아는 것이 아니다. 배워서 알고 있다. 배우고 시험을 봐서 국가가 공인하는 자격증을 딴 사람들이다. 이러다 보니 전국의 놀이터가 모두 같은 방법론에서 나온다. 풀빵기계에서 같은 모양의 풀빵이 쏟아져 나오듯이. 아파트 단지 놀이터는 전국 어딜 가나 같은 모습이다. 아주 훌륭하게

마을 사람과 뉴타운 키즈

꾸며진 아파트 단지 내 놀이터에서 노는 막내의 모습을 보며 가지게 되는 찜찜함과 미안함은 바로 거기에 있었다. 자연적과 계획적이라는 말이 함의하는 한계에.

아파트의 동과 동 사이에 있는 놀이터는 부르면 들리는 거리다. 이제 막내를 불러서 저녁을 먹으러 나갈 작정이다. 걸어가자면 한 십오 분쯤 걸리는 거리에 쇼핑몰이 있다. 잘 아는 것처럼 쇼핑몰에는 온갖 것이 다 있다. 음식점, 병원, 미용실, 옷가게, 편의점 그리고 학원.

근린주구 단위 계획이라는 것이 있다. 신도시 주거지역을 만들 때 적용하는 이론이다. 초등학교를 중심으로 모든 주택들을 보행거리 안쪽에 배치하는 방법이다. 도로망이나 기타 편의 시설도 이 초등학교를 중심으로 배치된다. 이런 방법은 꽤나 오랫동안 사용되어 왔다. 그런데 이제 더 이상은 아니다. 요즘 세상에서 근린주구의 중심은 쇼핑몰이 틀림없다. 모든 주택과 도로망과 각종 편의시설이 쇼핑몰을 중심으로 배치된다. 차이가 있다면 전통적인 근린주구 이론에서는 보행을 강조하지만 쇼핑몰을 중심으로 하는 도시계획이론에서는 불가피하게 차량 이동을 허용한다는 점이다. 쇼핑몰은 주거 생활에서 편리함의 극치. 모든 개별 주택으로부터 그리 멀지 않은 곳에 자리 잡고 있으면서도 필요한 모든 시설을 갖추고

근린주구의 중심 쇼핑몰

있기 때문이다.

우리 집에서 쇼핑몰까지는 걸어서 십오 분 거리지만 대개는 차를 이용한다. 주택과 쇼핑몰 사이에는 다른 주택이나 공원 정도가 있다. 이런 공원도 아파트 단지 내 놀이터와 마찬가지로 판에 박은 듯한 조경기법을 동원해서 만든다. 그러다 보니 이 공원이나 저 공원이나 별 차이가 없다. 차를 타고 지나가면서 보자면 더욱 그렇다. 그런 풍경이 잠깐 펼쳐지다가 불쑥 쇼핑몰이 나타난다. 집에서부터 쇼핑몰 사이의 공간은 아무 것도 없는 우주 공간과도 같은 것이다.

쇼핑몰도 자연을 흉내 낸다. 당연히 거기에도 가짜 자연이 있다. 그리고 놀이터보다 더 계획적으로 꾸며져 있다. 우리는 전국 어느 곳의 쇼핑몰에서도 우리가 필요한 시설을 어렵지 않게 찾는다. 다 같은 방식으로 계획되어 있기 때문이다. 막내는 이런 곳에서 산다. 계획적으로 자연을 꾸민 세상에. 저 아이가 크면 자신의 유년 시절을 어떤 그림으로 기억할지 궁금하다.

자연과 자연적인 것의 가장 큰 차이는 뭘까? 자연은 예전에도 있었고 앞으로도 있을 것이다. 반면 자연적인 것은 예전에 있지 않았으니 앞으로도 계속 있지는 않을

마을 사람과 뉴타운 키즈

것이다. 같은 맥락에서 나의 유년 시절의 기억을 채우고 있는 것들은 예전부터 그랬던 것처럼 미래에도 그렇게 있을 것이다. 하지만 막내의 유년시절의 기억을 채우는 것들은 잠시 생겨났다가 미래에는 사라지는 그런 것들이다. 나의 유년은 선이다. 계속 이어지는. 내 막내의 유년은 점선이다. 없다가 생겨나고 있다가 없어지는.

막내가 하교 시간이 훨씬 지났는데도 집에 오질 않는다. 이제 십분만 더 기다려보고 학교로 가봐야겠다. 학교까지 잰걸음이라면 십분도 채 안 걸린다. 그런 짧은 걸음 걷기를 망설이는 것은 귀찮아서가 아니다. 걱정이다. 학교로 찾아 나서는 순간 막연한 걱정이 현실이 될까 무섭기 때문이다.

막내는 오전수업을 마치고 하교했다고 한다. 이제 친한 친구들 집 몇 곳을 돌아봐야겠다. 여기서도 망설여지는 건 학교로 나설 때와 마찬가지다. 막연한 걱정이 점점 더 심각한 현실이 되기 때문이다. 친구 집 몇 곳을 돌아보다가 소식을 듣는다. 막내가 먼 동네 사는 친구를 따라 그의 집으로 놀러 갔다고 한다. 그 친구가 누군지, 그리고 어디 사는 지는 자기도 모른다고 한다.

막내는 학교가 파할 무렵 친구로부터 솔깃한 제안을 받았다. 자기 집에 놀러가잔다. 친구 집은 멀기도 하고 한 번도 가 본적이 없는 동네인지라 망설여지지 않을 수 없었다. 하지만 친구 집 뒤켠에 깊은 동굴이 있고, 앞마당에는 맛있는 단감이 주렁주렁 달려 있다는 유혹에 막내는 넘어갈 수밖에 없었다.

친구 집은 멀었다. 막내가 태어나서 혼자 가본 걸로는 가장 먼 거리였다. 멀기만 한 게 아니다. 가다 보니 길은 더 이상 기억할 수 없을 정도로 복잡했다. 하지만 이왕 내친 걸음에 발길을 되돌릴 수는 없었다. 자칫하면 친구들 사이에서 겁쟁이가 될 지도 모를 일이다. 이 나이 아이가 가장 두려워하는 것은 친구들로부터 겁쟁이라고 놀림을 받는 것이 아닌가.

친구의 동네는 강씨들만 모여 사는 집성촌이다. 이 동네에서는 주민 모두가 그리 멀지 않은 친척들이다. 가까우면 형제고 멀어봐야 6촌 지간이다. 강씨 마을은 나지막한 산자락에 걸터앉아 있다. 막내가 사는 읍내의 집들이 앉은 품새와는 확연하게 다르다. 이 동네 길은 마치 나뭇가지처럼 동네 어귀에서 갈라져서 산자락에 다다라 막다른 골목으로 끝이 난다.

친구 집 뒤꼍에 무사히 도착한 막내는 깊이를 모를 동굴 탐험도 했고, 단감도 배부를 정도로 먹었다. 그런데 그러고 나니 이제 집에 돌아갈 일이 걱정이다. 친구가 길을 일러 주었다. 우리가 올 때는 가까운 길로 오느라 길이 복잡했지만 돌아갈 때는 길을 찾기 어려울 수도 있으니 조금 멀더라도 철길을 따라 그냥 쭉 가면 된다고 알려준다. 철길은 멀리까지 뻗어 있었고 그 끝이 산자락을 파고들며 굽어지고 있다. 정말 저 산을 돌면 집이 보일까.

철길을 따라 산을 돌아서도 집으로 가는 길은 보이지 않는다. 무섬증이 인다. 오던 길에 친구가 했던 말이 생각나며 더 겁이 난다. 저 쪽에 상엿집이 보인다. 철길을 따라가자면 상엿집을 스쳐 지나야만 한다. 생각 같아서는 좀 먼 길이 되더라도 상엿집을 피해 돌아가고 싶다. 하지만 길을 잃을까 걱정이다. 눈을 질끈 감고 상엿집을 통과해야겠다고 마음을 먹는다. 빨리만 달린다면 상엿집을 지키고 사는 귀신을 따돌릴 수 있을 것도 같다.

친구가 말한 산을 돌아서서는 집으로 가는 길이 보이지 않았다. 철길을 따라 걸으며 산 하나를 다시 돌아 나서니 그제야 멀리 기차역이 보인다. 이제는 마음이 좀 놓인다. 얼마 전 기차역까지는 와 본적이 있다. 더 이상 길을 잃을까 걱정할 필

집으로 가는 길의 상가주택

요는 없는 것이다. 기차역을 멀찍이 두고 오른 편으로 길을 잡으니 장터가 보인다. 오일장이 서던 날에 보던 장터와는 사뭇 다른 모습이다. 물건과 사람으로 가득해서 꽉 차 보이던 곳이 휑뎅그렁하기만 하다. 장터 옆으로는 간혹 유랑극단이 들어올 때마다 천막으로 임시 극장을 펼치는 공터가 나타난다. 공터도 장터와 마찬가지다. 유랑극단 천막이 섰을 때와는 느낌이 다르다. 어린 막내는 또 다시 아득한 무섬을 느낀다.

공터를 지나 다리를 건너면서 극장이 보인다. 극장 건물은 막내가 사는 도시에서 가장 큰 건물이다. 극장에도 여러 번 와봤기에 이제는 마음이 편해진다. 극장 옆으로 난 길이 이 도시에서 가장 큰 길이다. 그 길 끝에는 옛날에 지은 성문이 있다. 이제 저 곳을 지나면 집은 지척이다.

막내를 기다리는 나이 든 엄마는 대문 밖에서 안절부절이다. 행랑채 셋방 새댁이 다가와 다독인다. 걱정하시지 말라고. 그 나이 애들이 친구 만나 노느라고 집에 제 때 안 들어오는 건 흔한 일이 아니냐며 위로를 건넨다. 불안한 마음에 생각없이 발을 놀리다 보니 대문 밖과 안을 왔다 갔다 한다. 몇 해 전 큰 아들이 타지로 유학을 떠난 후 바깥채로 옮겨간 막내의 아버지도 마음이 편치 않다. "아직도 인가?" 나이 든 엄마는 "아직이네요." 라고 말을 받고 부엌으로 간다. 새벽에 떠 놓은 정화수를 향해 손을 모아본다. 그렇다고 본격적으로 기원을 하지는 않는다. 그리 한다면 오히려 막내에게 더 큰 일이 닥칠 것 같은 생각이 들어서이다.

막내는 성문에서 오른 편으로 길을 잡아 집으로 이어지는 길에 들어섰다. 멀리서 목욕탕의 굴뚝이 보인다. 이 도시에서 가장 큰 건물이 극장이라면 목욕탕 굴뚝은 가장 높은 건물이다. 목욕탕 굴뚝이 집을 알려주는 표지판이 된다. 막내의 집은 목욕탕 건너편이다.

나의 유년의 기억이다. 이 기억 속에 등장하는 모든 장소들은 내가 태어나기 전부터 있어 왔다. 그리고 앞으로도 계속 있을 것이다. 건물 모습은 좀 달라지더라도 길과 땅은 그대로 남는다. 나의 유년의 도시에서 땅과 건물은 일 대 일 관계다. 땅 하나에 건물 하나다. 때로 건물이 헐리고 새 건물이 들어 설 수는 있지만 땅은 그대로다. 언제까지나 그대로일 것이다. 나의 유년의 기억이 희미해진다면 그 땅에서 기억을 되살릴 수 있을 것이다.

우리 집 막내의 기억을 붙잡고 있는 건물은 땅과의 관계가 일 대 일이 아니다. 땅 하나에 건물은 여럿이다. 옛 건물이 헐리고 새 건물이 지어지면 우리 집 막내는 어디서 기억을 찾아볼 수 있을 것인가? 나에게는 있는 시간의 견고함이 우리 집 막내에게는 허락되지 않는다는 게 안타깝다.

우리 집 막내에게 나의 기억을 전해주는 건 어떨까 싶다. 그 기억은 단지 시간의 일정한 지속을 의미하는 것이 아니다. 그 기억은 시간의 견고함과 같이 묶여있다. 나는 우리 집 막내에게 시간이 견고하다는 것을 알려주고 싶다. 그 시간은 점선이 아닌 선이라는 걸 알려주고 싶다. 내가 겪은 견고한 시간의 경험이 우리 집 막내에게 어떤 위안이 될 수도 있을 것 같다는 기대가 그리 부질없는 것 같지는 않다.

프롤로그

부모와 자식의 기행을 위하여

산골에 사는 사람이 있었다. 그의 동네에서는 해가 항상 산에서 떴다. 해가 지는 곳은 알 수 없었다. 눈으로 확인하기엔 너무 먼 곳이었기 때문이다. 바닷가에 사는 사람이 있었다. 그의 동네에서는 해가 항상 바다에서 떠올랐다. 해가 지는 곳은 알 수 없었다. 바닷가에 서서 눈으로 확인하기엔 너무 먼 곳이었기 때문이다. 어느 날 산골 사람은 해가 어디로 지는지 궁금해졌다. 그는 해가 지는 곳을 향해 여행을 떠났다. 바닷가 사람도 해가 어디로 지는지가 궁금해 여행을 떠나기로 한다.

바다와 산의 중간쯤 도시가 있었다. 산골 사람과 바다 사람은 도시의 여관에 머물게 되었다. 서로 인사를 나누다가 곧 해가 어디서 뜨는지에 대해 논쟁이 붙었다. 이 둘은 해가 지는 곳이 어디인지는 몰라도 해가 어디서 뜨는지는 잘 알고 있었다. 산골 사람이 말한다. 해는 산에서 뜬다고. 하지만 바다 사람은 해가 바다에서 뜬다고 말한다. 그들의 논쟁은 끝나기 어려울 듯 보였다. 이 때 도시 사람인 여관 주인이 끼어들어 논쟁을 마무리한다. "이 사람들아, 해는 건물 지붕에서 떠서 건물 지붕으로 지는 거야."

산골 사람과 바다 사람은 도시를 넘어서 바다로, 산으로 여행을 계속했다. 거기서 그들은 해는 바다에서도 뜨는 것을, 그리고 산에서도 뜨는 것을 목격한다. 하지만 도시의 여관 주인에게 해는 여전히 건물 옥상에서 뜨고 진다.

미지의 세계로 여행을 떠나야 앎의 지평이 넓어질 수 있다는 것을 얘기하려고 이어령 선생이 만든 우화다. 이 여행은 배낭을 메고 떠나는 진짜 여행일 수도 있고 책을 통해 알아가는 관념의 여행일 수도 있다.

재미있고 유익한 이 우화에서 내가 궁금해지는 대목은 산골 사람과 바다 사람은 왜 갑자기 해가 지는 곳이 어딘지 궁금해졌느냐는 점이다. 여러 가지 이유가 있을 수 있겠지만 이들에겐 호기심이 그 이유가 된다.

미지의 세계에 대한 호기심이 많았던 사람으로 치자면 추사 김정희를 빼놓을 수 없다. 미지의 세계에 대한 호기심이 많은 사람을 굳이 백 여 년 전에서 찾는 까닭은 현대인에게는 그런 강렬함이 허락되지 않기 때문이다. 현대인에게 가보지 않은 세계는 가보지 않았을 뿐이다. 원한다면 언제라도 가볼 수 있다. 언제라도 가볼 수 있다는 생각은 강렬한 호기심을 키워내질 않는다. 조선말은 다르다. 가볼 수 있을까라는 의구심 자체가 호기심을 더욱 간절하게 만든다.

추사에게 호기심의 대상은 청나라였다. 반면에 추사가 아닌 다른 사대부들에게 청나라는 호기심의 대상이라기보다는 피하고 싶은 이웃일 뿐이었다. 조선의 사대부들에게 중국의 주인은 여전히 명나라이고 한족이었기 때문이다. 그 시절 조선 사대부들은 청나라로 떠나는 사신단에서 빠지고 싶어서 안달이었다. 청나라 북경까지 가는 길은 멀고 힘들고 때로 매우 위험했기 때문이다. 게다가 청나라는 명나라와 다르지 않은가? 문화적으로 어떤 매력도 없는 오랑캐의 나라였기 때문이다.

이런 저런 경로를 통해 접해 본 청나라의 문물은 적어도 추사에게만은 호기심을 불러일으키기에 충분한 것이었다. 추사는 다른 이들이 뇌물을 써서라도 빠지고 싶은 연행길을 청탁을 넣어서 끼어든다. 추사의 호기심은 한 번으로 끝나지 않았다. 그는 기회가 있다면 애를 써서 사신단에 끼어 청나라 문물에 대한 호기심을 채웠다.

자기가 알지 못하는 것을 알아보기 위해 떠나게 되는 이유에는 호기심만 있는 것은 아니다. 때로는 생존의 문제와 직결되는 경우도 있다. 일본 땅을 향해 떠나는 조선통신사가 그렇다. 왜를 안다는 것은 조선 땅의 어떤 이들의 생명을 구하는 것과 다름없었다. 앎을 위한 여행의 끝에는 그 여행의 시작이 호기심이었든 혹은 생존의 문제였든 간에 언제나 크든 작든 미지의 것들에 대한 이해가 있다. 산골 사람과 바다 사람은 각기 해가 산에서도, 바다에서도 뜰 수 있다는 것을 알게 되었고, 추사는 청나라를 통해 선진 문명을 접할 수 있었다. 마지못해 왜의 땅을 밟은 조선통신사도 그 땅을 지나는 여행 기간 동안 그 또한 사람 사는 곳이라는 것을 이해하게 된다.

우리는 나 아닌 다른 사람을 이해하기 위해서 흔히 대화라는 방법을 선택한다. 이해의 대상이 사람이 아니라면 만져보거나 맛을 보거나 냄새를 맡아보거나 손이나 물건을 이용해서 두드려 나는 소리를 들어보기도 한다. 눈으로 살펴보는 것은 물론이다. 하지만 흔히 말하는 오감을 통한 관찰은 대상의 물리, 화학적 성분을 추측해 보는 데는 도움이 되겠지만 우리가 더 궁금해 하는 그 속내를 알아내는 데는 그리 적절한 방법이 되지 못한다. 대상이 사람이라면 더욱 그렇다. 그래서 우리는 대화를 한다. 때로 우회적으로, 때로는 직설적으로. 궁금한 것에 대해 말하기를 기다리기도 하고, 때로 궁금한 것을 물어보기도 한다.

대화가 진행되려면 주제가 필요하다. 영어 단어로는 토픽이다. 사람들은 토픽을 가지고 말을 주고받는 사이에 서로에 대한 이해의 정도를 높여 갈 수 있다. 그런데 이 토픽이라는 단어의 어원이 재밌다. 토픽의 어원은 라틴어의 토포스다. 토포스는 지형이나 장소와 같은 의미를 가진다. 여기까지는 토픽과 토포스 간의 연관성을 발견하기 어렵다. 토포스에 대한 조금 확장된 의미 파악이 필요하다.

토포스의 영어식 표현은 커먼플레이스다. 커먼과 플레이스가 결합된 단어인데, 커먼에는 공유한다는 의미가 있고 플레이스는 장소라는 의미다. 그러니까 커먼플레이스는 장소를 공유한다는 뜻이다. 이로써 토픽은 장소를 공유하는 사람들이 공통적으로 가지는 대화거리라고 이해할 수 있다.

사람들 사이에서 즉각적인 이해가 어려운 것은 토픽이 성립하기 쉽지 않다는 것이고 이는 서로 공유하는 장소적 경험이 없기 때문이다. 토픽을 공유하기 위해서 산골 사람이 바다 사람을, 또는 그 반대의 경우라도 다른 사람의 장소를 방문하는 것만큼 효과적인 것은 없다. 추사가 청나라에 가본 것도 그런 것이고 조선통신사가 왜의 땅을 방문한 것도 마찬가지 이유다.

그런데 같은 장소를 공유하면서도 이해가 어려운 관계가 있다. 부모와 자식간의 관계다. 부모는 자식을, 자식은 부모를 이해하기 쉽지 않다. 사람의 성격은 선천적으로 타고 난다거나 혹은 후천적으로 만들어진다고들 한다. 때로는 선천적인 것과 후천적인 것이 조금씩 섞여서 드러나기도 한다.

부모는 이해할 수 없는 자식의 행태와 마주치게 되면 "저 애가 누굴 닮아서 그런가?"를 따진다. 이 때 좋은 거라면 당연히 자신을 닮은 것이고 나쁜 것이라면 엄마나 아빠를 닮아서 그런 것이다. 배우자하고 닮은 점을 찾아낼 수 없다면 조부모까지 추적해 들어가서 유사성을 찾아내고야 만다. 성격의 선천적인 면을 완벽하게 분석해낸 셈이다. 성격이 선천적으로 결정된다는 측면에서 볼 때 부모는 자식을 이해하지 못할 이유가 전혀 없다.

만약 성격이 후천적으로 만들어진다고 해보자. 부모는 자식을 태어나면서부터 길러왔다. 자식 양육 목표가 얼마나 달성되었는가를 떠나서 어떤 과정을 거쳐서 현재에 이르게 되었는가를 부모보다 더 잘 알 사람은 없다. 부모는 자식에 대해서 자식보다 더 잘 안다. 같은 장소를 공유하면서 자식의 선천적 기질과 성장 과정을 꿰고 있는 부모는 자식을 이해할 수 있어야 한다.

현실은 그렇지 않다. 부모와 자식은 서로를 잘 이해하는 관계가 아니다. 특히 21세기를 살고 있는 우리 시대의 부모와 자식은 더욱 아니다. 흔히 세대차이라고 말하는 것이 분명하게 그리고 그 어느 시기보다도 강하게 존재한다. 부모와 자식 간의 세대차이로 인한 갈등이 문제가 되는 것은 그들이 한 장소에서 같이 산다는 것, 그리고 부모는 자식에게 무언가를 잘 해주고 싶어 한다는 것, 자식은 부모를 사랑하고 싶어 한다는 것이 문제다. 그들이 같은 장소를 공유하지 않는다면, 또한 남남처럼 서로의 존재를 무시할 수만 있다면 그들에겐 애초부터 갈등이란 없었을 것이다.

부모와 자식 간의 갈등은 여간해서는 해소되지 않는다. 그들 간의 갈등은 대부분 분가라는 형식을 통해 해결된다. 같은 공간에 함께 있기를 멈추어서야 갈등이 사그러들 기미를 보인다. 그렇다고 해서 서로에 대한 애증이 사라지진 않는다. 그렇다면 갈등의 씨앗은 여전히 잠재한다고 보아야 할 터이다. 하지만 부모와 자식은 갈등의 씨앗마저도 헛간 깊이 숨겨버리는 방법을 잘 터득하고 있다. 자식은 부모에 대한 미안함을 자신의 자식이며, 부모의 손주에 대한 사랑으로 퉁치자고 한다. 부모는 자식에 대한 서운함을 자신의 부모에 대한 미안감과 맞바꾸려 한다.

부모와 자식은 얼핏 보기에 서로를 이해하기 위해 특별히 무언가를 해야 할 관계가 아닌 것처럼 보인다. 그들은 한 장소에 살고, 부모는 자식의 선천적 기질과 성장과정을 잘 알고 있기 때문이다. 그러나 한 가지 오해가 있다. 부모와 자식은 같은 장소에 살고 있지 않다. 부모를 지금의 부모로 만든 그의 유년시절은 마을에 있고, 자식의 유년시절은 뉴타운에 있다. 부모는 마을에 살고, 자식은 뉴타운에 산다. 산골 사람과 바다 사람이 도시의 여관에서 만난 것과 같다.

산골 사람이 바다 사람을, 그리고 바다 사람이 산골 사람을 이해하려면 각자의 땅을 떠나 타인의 땅으로 여행하는 것이 필요하다. 이 책에 부모의 마을과 자식의 뉴타운이 얼마나, 어떻게 다른 지에 관한 얘기를 담는다.

부모의 마을과 자식의 뉴타운

제1부
부모의 마을과 자식의 뉴타운

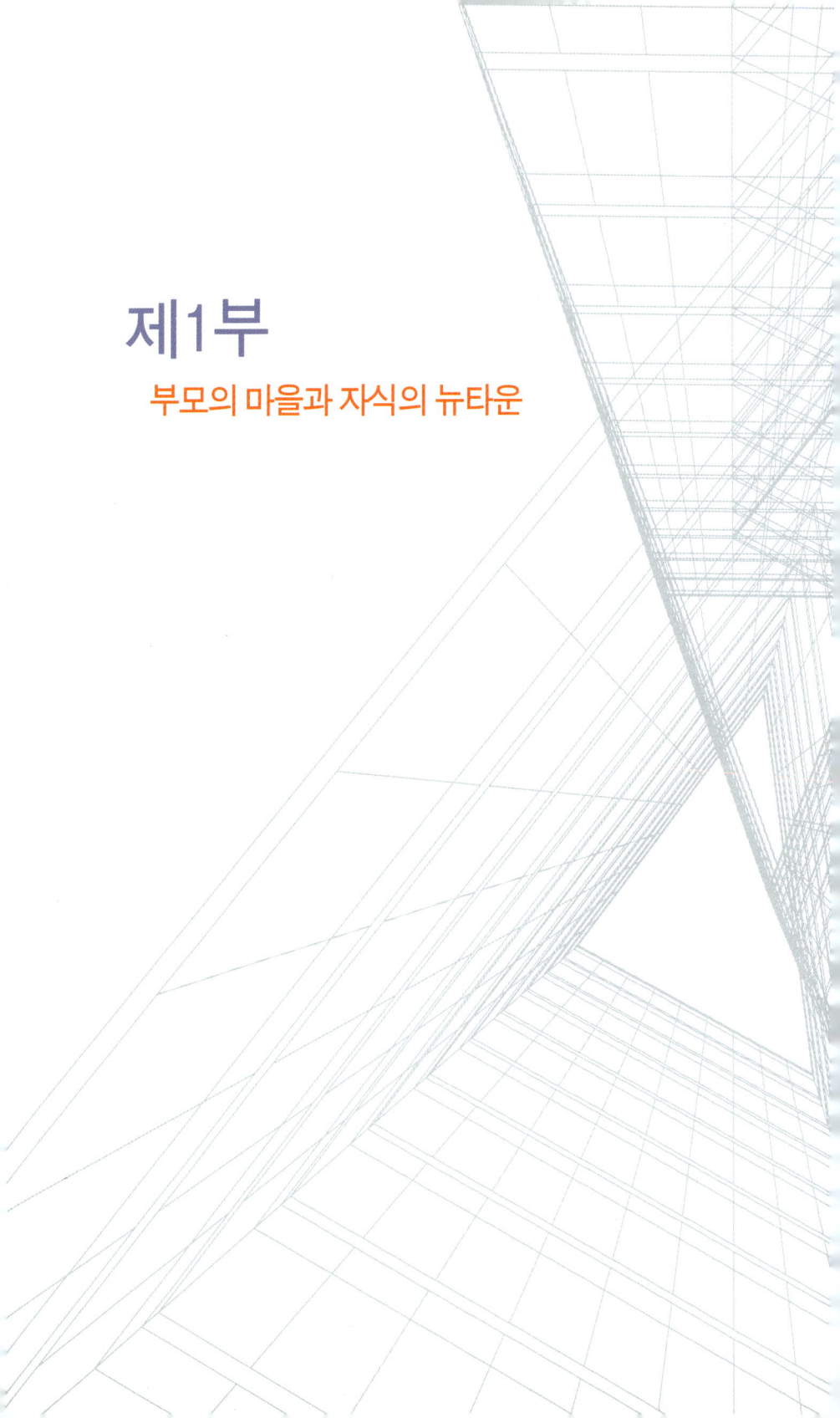

contents

1. 이해하기 어려운 일본인

2. 길들이는 건축, 길들여진 인간

3. 이해하기 어려운 부모 세대

4. 부모의 마을, 자식의 뉴타운

5. 건축과 도시를 보는 눈에 대해서

1. 이해하기 어려운 일본인

자신을 안다는 것은 어떤 일일까? 가장 잘 알 것 같으면서도 가장 알기 어려운 게 자기 자신이다. 사람들은 자신을 알고 싶을 때 여행을 떠나기도 한다. 일상에서 자신은 너무나도 익숙한 모습으로 존재하기 때문이다. 여행지의 낯선 환경에서 나도 모르던 내가 불쑥 튀어나올 때 "내가 이런 사람이었구나."라고 새삼 깨닫게 되고 그때가 자신을 좀 더 알게 되는 순간이다. 여행은 누군가의 내면에 숨어있던 자아가 깨어나서 기지개를 켤 기회를 만들어 준다. 생각할 필요도 없이 해야 할 일들을 처리할 수 있는 익숙한 일상은 나라는 자신의 존재 자체도 잊게 만든다. 여행은 일상의 나만으로는 감당할 수 없는 낯선 환경에 나를 빠뜨려서 내 속의 또 다른 나를 깨운다.

내가 나를 가장 잘 알게 된 것은 유학이라는 긴 여행을 하는 동안이다. 유학은 그 어느 여행보다도 강렬하게 그리고 길게 낯선 환경을 경험하게 한다. 일상의 나만으로는 감당하기 어려운 낯섦 앞에 서서 내 속의 또 다른 나에게 도움을 청할 수밖에 없다.

한편 여행은 나 자신을 잘 알 수 있는 기회를 줄 뿐만 아니라 다른 사람을 잘 알게 되는 기회가 되기에도 충분하다. 여행을 나온 사람이라면 익숙한 일상의 탈을 벗어버리고 타인을 만나러 나오기 때문이다. 낯 설은 환경에 불려 나온 자신 속의 자신으로 타인을 만난다.

내가 유학 중에 만난 사람들은 다양하다. 같은 서양 사람이라 해도 너무나 달라서 같은 부류로 묶기에는 어려운 스페인 사람도 있었고, 서양 사람이라고 해야 하나 하는 생각이 드는 터키 친구도 있었다. 동양 사람으로는 중국인, 일본인, 동남아인 등으로 다양하다. 여기서 일본과 중국은 나라 이름을 특정해서 거론하고 동남아는 하나로 뭉뚱그리게 되는 것은 아무래도 내가 동남아에 대한 이해가 부족해서일 것이다.

유학 중에 만난 다양한 사람들 중에서도 일본 사람은 특별하다. 그들의 행태에 섬세하게 반응하는 나를 발견한다. 다른 동양인이나 서양인을 만날 때와는 다른 심리 기제가 발동하는 것을 느끼게 된다. 아마도 한국 사람과 가장 유사한 사람들이기 때문일 것이다. 중국 사람만 해도 그들의 행태와 문화, 가치관을 그저 다른 나라 사람의 그것이라고 생각하고 받아들이게 된다. 서양 사람이라면 더욱 그렇다. 그들의 행태나 가치관을 그저 있는 그대로 받아들이지 묘한 감정이 섞인 분석의 눈초리로 그들을 보지는 않는다.

한국 사람과 일본 사람 사이에는 묘한 울림 같은 것이 존재한다. 두 나라 사람 사이에 존재하는 유사성 때문에 그렇다. 그리고 그 유사성을 한 꺼풀 벗겨내면 나타나는 미묘한 차이 때문에 그렇다. 아주 미묘한 차이까지도 살펴보게 되는 것은 둘 사이에 상당한 정도로 닮은 점이 있기 때문이다.

사람들은 여러 개가 섞여 있을 때 우선 닮은 것을 찾는 습성이 있다. 그리고 그다음부터 그들 간에 차이에 매달리게 된다. 한국 사람에게는 일본 사람이 그렇다. 도쿄의 지하철을 타고서 아무 말 없는 사람들 속에 섞여 있으면 도대체 여기가 한국인지 일본인지를 구분하기 힘들 정도로 비슷한 일본인이 우리의 섬세한 관심을 끄는 것은 당연하다.

일본 사람을 만나서 조금 친하게 되면 알게 되는 그들만의 특이한 습성 몇 가지가 있다. 남에게 아주 작은 피해라도 끼치지 않으려는 태도가 그중 하나다. 공공장소에서 소곤거리다시피 얘기하는 그들을 보면 분명하게 알 수 있다. 공중이 이용하는 공간에서 일본인은 소곤거린다. 한국인의 기준으로 보자면 지나치다고 할 수 있는 수준이다. 우리의 공공 공간에서는 종종 큰 소리로 대화하기를 자제해달라는 문구를 볼 수 있다. 지하철에서 그렇고 도서관에서도 그런 당부의 문구를 쉽게 만나게 된다. 이건 분명 공공 장소에서 큰 소리로 남에게 피해를 끼칠 수도 있다는 것에 대해서 우리가 일본인보다는 덜 민감하다는 증거다. 그렇다. 그런데 덜 민감할 뿐이다. 그 정도에서 멈춘다. 더 시끄러운 중국 사람을 예로 들면서 우리의 덜 민감함을 변명할 수도 있다. 때로 은근슬쩍 일본인의 지나침을 나무라기도 한다. 이 순간 그들은 이해할 수 없는 일본인인 것이다.

이해하기 힘든 일본인을 만드는 것은 또 있다. 혼네와 다테마에라는 표현이 존재한다는 것이다. 속마음과 겉마음이 있다는 건데 여기까지는 인정할 만하다. 그런데 일본인들을 이해하기 어렵게 되는 것은 그들에게 혼네와 다테마에는 엄연히 다른 것이고 그들은 그걸 인정한다는 점이다. 우리말로 바꾸어 표현하자면 속마음과 겉마음이 다르다는 것인데, 우리 식으로라면 이건 겉 다르고 속 다른 사람이 된다. 나쁜 사람이 되는 것이다. 그런데 일본인들은 그렇지 않다. 속 다르고 겉 다른 것을 당연한 것이라고 인정한다. 일본 사람들은 속과 겉이 달라야 한다. 그게 그들에게는 정상이다. 그렇다 보니 자연스레 이 사람들은 왜 이럴까? 혹은 이 사람들은 어쩌다가 이렇게 되었을까? 라는 의문을 가지게 된다.

친하게 지내게 된 일본인들에게서 보이는 또 하나의 특별한 행태는 그들에게는 믿는 신이 너무나도 많다는 점이다. 일본에는 수 만개의 신사가 있고 거기에 신격화 된 대상이 모셔져 있다. 그들에게 신사 문화가 있다는 것은 잘 알고 있지만, 그들이 진실로 신사에 모셔져 있는 대상을 신적 존재로 인정하지 않을 것이라고 생각하기 쉽다. 사실은 무엇일까? 우리가 이해하기 어려울 정도로 그들은 신사에 모셔진 신을 믿는다. 그 신들의 영험을 많이도 믿는다. 그들이 신사에 모셔진 신에게 드리는 기도를 그저 재미 삼아 그러는 것이라고 생각한다면 오산이다. 우리가 쉽게 미신이라고 생각하는 믿음을 그들은 진실로 믿는다.

미신은 종종 미개함과 같이 연상된다. 일본인들에게 미신이 여전하다는 것은 분명하지만 그렇다고 그걸 미개함과 연관 지어서 생각하기는 쉽지 않다. 이 대목에서 이해할 수 없는 일본인이라는 말을 떠올리지 않을 수 없게 된다.

특별한 경우가 아니라면 이해할 수 없는 사람을 꼭 이해하려고 애쓸 필요는 없겠지만 때로 우연한 기회로 궁금증이 풀리고 이해하게 되는 경우도 있다. 나는 일본인 친구가 사는 집을 방문해 보고 평소에 궁금하던 그들의 행태를 이해하게 되었다.

일본인 친구의 집을 방문하는 기회를 얻는 것은 한국에서처럼 쉬운 일이 아니다. 우리는 친구 집을 쉽게 찾아가고 또 친구를 쉽게 초대하기도 한다. 심지어 초대 받지 않고 '쳐들어' 가는 경우도 다반사다. 하지만 일본인은 그렇지 않다. 그러니 일본 친구의 초대를 받아 집을 방문하게 된 것은 특별한 경험이었다.

친구의 집은 일본의 전통 주택에서 발전된 형태의 단독주택이었다. 이 집을 들어서게 되면 발걸음에 주의해야 한다는 것을 바로 알게 된다. 바닥이 마루로 되어있는데다 한국의 마루와는 또 다른 구조를 갖고 있기 때문이다. 한국 마룻바닥과 비교하자면 바닥이 좀 더 쉽게 꿀렁거리고 소리도 더 잘 난다. 그들이 마루를 만들 때 사용하고 있는 재료와 기법이 우리와 달라서 그럴 것인데, 그게 전혀 극복할 수 없는 한계는 아닐 것이다. 그들도 바닥에 사용하는 나무판의 강성을 더해서 덜 꿀렁거리게 할 수도 있을 것이며 또한 지지대를 강화해서 소리가 덜 나게 할 수도 있었을 것이다. 이렇게 어렵지 않게 해결할 방도가 있음에도 불구하고 우리가 보기에는 불편하기 짝이 없을 정도로 발걸음을 주의해야만 하는 그런 구조를 그대로 사용하는 것은 무슨 이유일까? 도대체 처음부터 왜 그런 불편한 마루를 사용했을까?

서원조 주택의 삐걱거리는 마루

일본 전통 주택의 마루가 소리가 잘 나는 이유를 알고자 하면 일본의 전통 주택인 서원조 주택을 들여다보면 쉽게 알 수 있다. 일본의 전통적인 주택을 형성하는데 가장 큰 영향을 끼친 서원조 주택은 원래 무사 계급의 주택이었다. 전국시대와 막부시대를 거치면서 사회의 주도 계급으로 성장한 무사들은 주택 내에 업무 공간을 마련하고 그곳에서 자신을 보좌하는 하급 무사와 공무를 수행하고 또한 취침을 하기도 했다. 우리가 일본 사무라이 영화에서 쉽게 볼 수 있듯이 당시 무사들은 항상 닌자의 암살 위협에 놓여 있었다. 발걸음 소리를 최대한 줄이며 무사의 침실로 접근하는 닌자를 좀 더 효과적으로 방비하기 위해서 서원조 주택의 마루는 삐걱거리는 소리가 더 잘 나도록 고안되었다. 우리라면 강성이 높은 재료와 견고한 결구를 이용해서 소리가 나지 않도록 했을 터이지만 일본은 반대다. 꿀렁대는 판자를 사용하고 유격이 있는 결구를 사용해서 삐걱대는 소리가 잘 나게 만들었다.

사람에게 가장 중요한 것은 역시 목숨이다. 삐걱거리는 마루가 좀 불편하기는 해도 목숨 부지를 위한 장치로서는 매우 유용했을 것이다. 삐걱거리는 마루의 시작은 이러하였지만 그 이후 이런 마루는 습관이 되고 점차 문화로 발전했다. 삐걱거리는 마루를 걷는 시녀나 하급 무사들은 발걸음을 조심할 수밖에 없었을 것이다. 삐걱거리는 마루 도입 초기에 조심스러운 걸음걸이는 불편함 그 자체였을 것이다. 그런데 무시할 수 없는 것이 인간의 적응력이다. 처음에 불편하던 것이 습관이 되고 그것이 반복되어 문화의 수준에 이르게 되면 조심스러운 걸음걸이는 자연스러운 것이 된다.

무사의 침실로 향하는 마룻바닥에서 시작해 종국에는 일상의 조심스러운 걸음걸이가 당연한 것으로 발전한 일본의 주택은 그 안에 사는 사람들을 그렇게 길들여 놓은 것이다. 그런 집에서 대를 이어 살아온 일본인들이기에 남에게 피해를 줄 수 있을지도 모른다는 생각에 조심스러운 행동을 하는 것은 자연스러운 일이다. 이해할 수 없는 일본인의 습성 중 하나가 비밀을 밝혀낸 셈이다. 혼네와 다테마에를 구분하는 것 그리고 수많은 신들과 함께 산다는 것에 숨겨져 있는 비밀을 풀 수 있는 실마리도 그들의 주택 안에 있다.

일본의 전통적인 주택 구조의 특징은 오모테와 우라가 분명하다는 점이다. 오모테는 밖이라는 뜻이고 우라는 안이라는 뜻이다. 즉 밖과 안이 분명하다는 것이다. 일본의 전통적인 주택 평면 구성은 정문에서 볼 때 좌우로 긴 직사각 형태를 가진다. 정면에서 볼 때 좌측으로는 사람이 기거하는 실이 있고 우측에 부엌이 놓인다. 좌측에 사람이 기거하는 공간은 겹집 형태다. 방이 앞뒤 두 겹으로 배치되어 있다는 뜻이다. 한국의 전통 가옥에서는 함경도와 같은 일부 지방을 제외하고는 모두 홑집이다. 방이 옆으로 늘어설 수는 있으나 앞뒤로 두 겹으로 배열되지는 않는다는 뜻이다. 어쨌든 일본 집은 사람이 기거하는 공간이 두 겹으로 되어 있는데 앞줄에 나와 있는 공간이 오모테, 즉 밖이고 뒷줄에 놓이는 공간들이 우라, 즉 안이 된다.

일본 전통 주택의 오모테와 우라는 형태적으로 분명하게 구분된다. 더 중요한 것은 이런 형태적 구분에 밖과 안이라는 명칭을 부여해

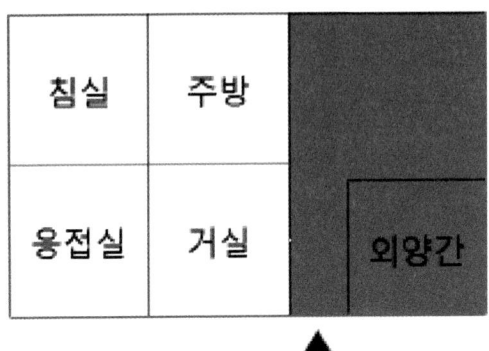

전통적인 일본 주택 평면 구조(田자 형)

서 구분을 더 명확하고도 수긍해야만 하는 분별로 만들었다는 점이다. 이런 분별은 결국에는 아주 엄격한 영역의 구분과 통제로 이어진다.

오모테는 외부인이 출입할 수 있는 공간이다. 우라는 집안 사람들만 출입할 수 있는 공간이며 외부인의 출입은 엄격하게 배제된다. 오모테에서는 외부인을 의식한 행동들이 연출되는 공간이고 우라에서는 외부인을 의식하지 않는 행동들이 허락된다. 혼네와 다테마에가 공간적으로 펼쳐진 것이다. 우라의 공간은 혼네를 키워내고 오모테의 공간은 다테마에를 양육하는 셈이다. 오모테에서 하는 행동과 우라에서 하는 행동이 다르듯이 혼네와 다테마에는 서로 다른 것이 더 정상적인 셈이다.

주택 내에서 영역을 구분하고 출입할 수 있는 사람의 범위를 제한하는 것은 비단 일본 주택에서만 그런 것은 아니다. 한국도 그렇고 중국도 그런 면이 없지 않다. 하지만 일본 주택이 그런 면에서 좀 더 특징적이라고 할 수 있다. 일본 주택의 영역 구분의 기준은 집안 사람과 외부인이라는 것이고, 반면에 한국에서는 그보다는 남녀의 구분을 더 강조했고, 중국에서는 주인과 노비의 관계에 초점을 맞추고 있기 때문이다.

한국의 전통 주택에서 가장 뚜렷하고도 중요한 영역 구분은 안채와 사랑채다. 안채는 부인을 위시한 아녀자들의 공간이고, 사랑채는 남편을 중심으로 한 남자들의 공간이다.

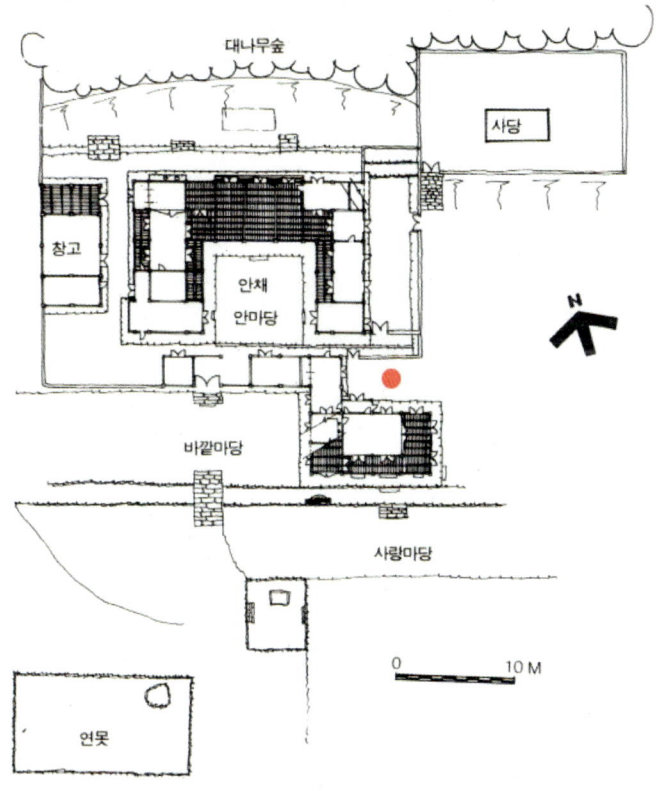

한국 전통 한옥의 안채와 사랑채 구분

중국의 가장 전형적인 전통 주택이라 할 수 있는 사합원에서 가장 중요한 영역 구분은 주인들이 생활하는 공간과 노비들이 사용하는 공간이다. 이 두 공간은 이문을 경계로 확연하게 구분되는데 이문 밖에는 노비들이 그리고 이문 안 쪽에서는 주인들이 생활을 하게 되어 있다.

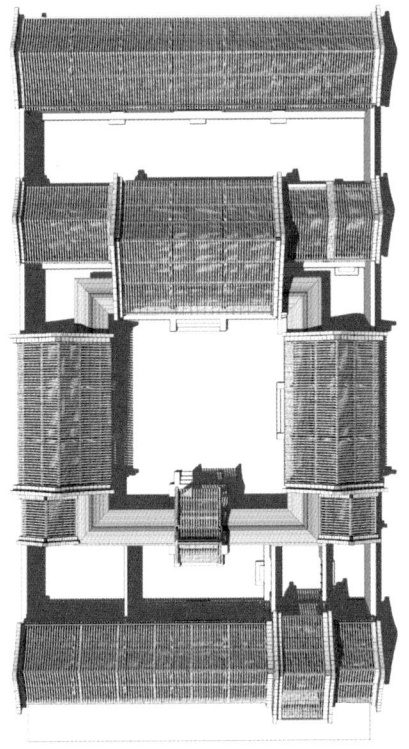

사합원

일본 전통 주택의 영역 구분이 보여주는 또 하나의 특징은 영역에 '밖'과 '안'이라는 명칭을 붙여서 구분한다는 점이다. 한국에서는 일본의 '안'에 해당하는 안채라는 용어는 있지만 '밖'에 해당하는 용어는 사랑채 정도다. '밖'이라는 의미를 중요하게 부각하지 않는다는 얘기다. 중국에서는 각각의 영역을 묶어서 부르는 특징적인 단어조차도 없다.

일본 전통 주택의 공간 구조에서 드러나는 함의는 밖과 안이 분명하게 다르고 밖은 외부인에게도 허락되는 공간인데 반해, 안은 집안 사람들만을 위한 공간이라는 점이다. 이러한 영역의 뚜렷한 구분은 각각의 영역에서 허용되는 행태들을 제한한다. 밖과 안에서 다른 행태를 보이는 것은 하나의 문화이며 개인은 습관적으로 이에 부응한다. 습관적 부응에는 불편함이 문제가 되지 않으며 가치 판단의 옳고 그름을 따질 이유도 없어진다.

일본인의 혼네와 다테마에는 우리가 보기에는 겉과 다른 행동일 수 있겠지만 적어도 그들에게는 하나의 문화이며 각 개인은 습관으로 길들여져 있는 셈이다. 이런 상황이라면 혼네와 다테마에를 구분하는 그들의 이상한 행태도 이해할 만 하다.

이제 마지막 남은 이해하기 힘든 일본인의 특징은 그들이 신사에 푹 빠져 있다는 점이다. 우리의 눈에는 미신으로 보이는 것들에 대해 그들은 왜 그리도 진지한 것일까? 이에 대한 답도 부분적으로는 그들의 주택에서 찾아 볼 수 있다.

대체로 어디에서나 중심이라는 것은 중요한 의미를 가진다. 중요하다는 것은 서열로 따지자면 높은 자리를 차지하는 것이라고 할 수도 있다. 중심에 가까울수록 서열은 높아진다. 중심 자체는 가장 높은 서열이라고 할 수 있다.

일본 주택의 중심에는 무엇이 있을까? 한국의 현대적 주택을 기준 삼아 생각해서는 아무런 답도 안 나온다. 한국 현대 주택에서 중심을 차지하고 있는 것은 텔레비전이다. 이것에도 상당히 중요한 함의가 숨어 있다. 하지만 우선은 일본의 주택에 집중해보자. 일본 주택에서 중심을 차지하고 있는 것은 '불단'이다. 어느 집이나 중심에는 항상 불단이 모셔져 있다. 그런데 그 불단에는 부처님만 모셔지는 것이 아니다. 집집마다 모시는 부처님의 종류도 다를 수 있고 때로는 조상신이 같이 모셔지기도 한다. 집 한 가운데에, 가장 중요한 자리에 여러 종류의 신을 모시고 사는 사람들이라면 그들이 그 많은 신사의 신들을 진지하게 믿는 것도 이상할 것이 없어 보인다.

일본 사람들이 '불단'을 집의 한 가운데에 모시는 것이 얼마나 특별한 것인지를 알고자 하자면 한국이나 중국과 비교해 보면 좋다. 일본에서도 전통적인 주택을 대상으로 하는 것이니 동등한 비교가 되려면 한국의 전통한옥, 그리고 중국의 사합원과 비교하는 것이 좋겠다.

일본의 '불단' 같은 것이 한국에도 있고 중국에도 있다. 일본의 '불단'에 대응되는 한국의 그것은 '사당'이다. 한국에서는 사당을 지어 조상신을 모시지만 그것이 공간의 중심 자리를 차지하지는 않는다. 사당은 대개 집 밖에 따로 자리를 잡는다.

집 안에 조상신, 좀 더 정확하게 말하자면 조상의 위패를 모시는 경우도 있는데, 이런 경우라면 감실방을 따로 만들거나 혹은 방에 감

전통 한옥의 사당

실을 만들어서 그곳에 위패를 모시기도 한다. 감실방이나 감실은 대부분 사랑채에 있는 방 하나를 이용하는 경우가 많다. 전통적으로 조상을 중히 여기기는 마찬가지지만 조상을 위한 공간을 주택 전체 공간의 중심자리에 두지는 않는다.

중국의 사합원에는 도형적 중

전통 한옥 사랑채의 감실방

심은 아니지만 내부공간에서 가장 위계가 높은 곳에 조상의 위패를 모시는 공간을 마련하고 있다. 가장 중요하고 격이 높은 자리를 차지한다는 점에서는 일본과 동일하다. 그러나 차이는 그곳에는 조상신만 자리를 잡을 수 있다는 점이다. 그곳은 부처님을 모시는 불단도 아니고 각종 신들이 놓일 수 있는 자리가 아니다. 오직 조상신에게만 바쳐지는 공간이다.

주택에서 가장 중요하고도 위계가 높은 공간을 비워서 다양한 신에게 바치고 수시로 기도를 올리는 일본인의 주택 생활이 아주 진지한 신사 참배로 이어지는 것은 결코 이상하게 보일 일이 아니다.

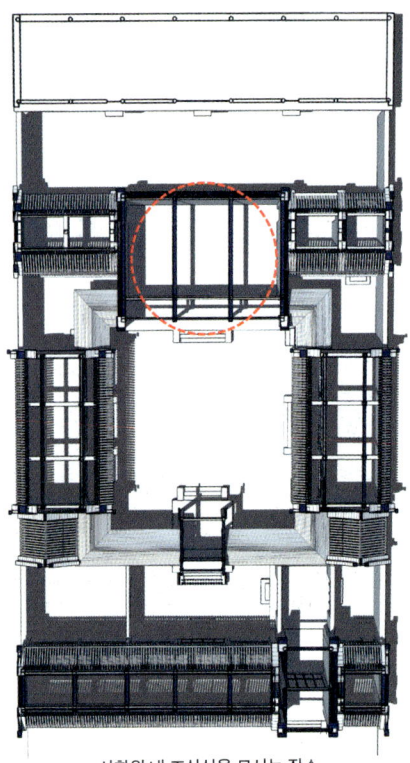

사합원 내 조상신을 모시는 장소

어느 정도 친하게 되었을 때 갑자기 이해할 수 없는 모습을 드러내는 일본인은 나 같은 한국 사람들을 당혹스럽게 만들기에 충분하다. 하지만 그 당혹감이라는 게 그리 견고하기만 한 것은 아니었다. 그들의 주택을 경험해 보는 것으로 얼마간 이해할 수 있었기 때문이다. 일본 주택에서의 경험은 삐걱거리는 마루처럼 이해하기 힘든 행태의 이유를 말해주기도 하고, 다른 한편에서는 '오모테'와 '우라'의 구분이나 '불단'의 배치처럼 이유를 말해주지는 못하더라도 이해할 수 있는 실마리를 던져주기도 한다.

요즘은 찾아볼 수 없는 일이지만 지금 50, 60대의 어린 시절 잊을 수 없는 경험 중 하나가 가정방문이다. 선생님은 가정환경을 통해서 학생들을 이해하려고 했다. 물론 그들이 가정 방문에서 주택의 형태나 공간 구조만을 유심히 살펴보았을 리는 없다. 어떤 부모님과 어떤 형제자매와 살고 있는지를 보았을 것이고, 어떤 경제적 상황에서 살고 있는지도 보았을 것이다. 하지만 가장 중요하다고 잘라 말할 수는 없지만 어떤 공간 구조에서 살고 있는가 또한 선생님들이 눈여겨 볼 수밖에 없는 대목 중에 하나였을 것이 틀림없다.

이해하기 힘든 일본인을 그들이 사는 주택을 보고 이해할 수 있고, 학생들을 이해하는 데 가정방문이 효과가 있었던 것처럼 주택이 그 안에서 살아가는 사람들의 행태에 아주 중요한 영향을 미친다는 것은 부인할 수 없는 사실이다.

2. 길들이는 건축, 길들여진 인간

일본인이 살고 있는 주택을 보고서 그들의 범상치 않은 가치관이나 행태를 이해할 수 있는 이유는 무엇일까? 일단은 주택이 그 안에 살고 있는 사람들에게 어떤 방식으로든지 일정한 영향을 미칠 수 있다고 믿기 때문일 것이다. 여기서 중요한 것은 두 가지다. 어떤 일정한 방식이 있다는 것이고, 또 하나는 그 영향이 일정하다는 점이다. 방식도 일정하고 또한 그 결과도 일정하다는 것을 인정하기 때문이다. 내가 관심을 두고 살펴본 바로 일본인의 특이점은 세 가지다. 지나치다 싶을 만큼 남을 배려하는 습성, 겉 다르고 속 다른 마음을 아무렇지 않게 인정하는 행태, 미신이라 볼 수밖에 없는 신사의 신에 대한 믿음이다.

이 세 가지 이해하기 힘든 가치관과 행태를 각기 특정한 공간 구조와 연결시켜서 이해할 수 있다고 말했다. 이제부터는 공간 구조가 어떤 과정을 거쳐서 일정한 가치관이나 행태를 낳게 하는지에 대해서 좀 더 구체적으로 얘기를 해보자. 사실 공간 구조에서 개인의 사고방식까지 연결하는 데는 생각보다 많은 단계가 필요하다.

공간과 행동

공간 구조는 행동을 규정한다. 아주 당연한 사실이다. 사방 일 미터짜리 방을 만들어 사람을 들어가게 하면 그 사람은 서 있을 수밖에 없다. 천장 높이를 일 미터로 만든다면 그 안에 든 사람은 누워있기를 택할 것이다. 좁은 방과 낮은 천장은 너무나 직설적이고 노골적으로 인간의 행동을 규정한다.

좀 더 우회적이지만 여전히 강력한 방법들도 있다. 경치가 좋은 방향으로 창을 만들면 사람은 그것을 통해서 밖을 내다보려 할 것이다. 이제 그 창을 까치발을 딛어야만 보일 정도의 높이에 달아보자. 사람은 서 있을 것이다. 그 창을 바닥에서 30센티미터 쯤 나지막한 높이에 길게 내면 어떤 일이 벌어질 것인가? 사람은 누워 있으려 할 것이다.

위 방법 중에서 어떤 방법을 선택하든 사람들은 조만간 공간에 의해서 자신의 행동이 심하게 통제당하고 있다는 것을 알게 되고 심기가 조금은 불편해지기 십상이다. 좁은 바닥 면적과 낮은 천장은 불편함을 수반하기 때문에 즉각적으로 반항심이 일게 된다. 좋은 경치를 미끼로 삼는 창을 이용하는 방법도 시간문제일 뿐 불평을 불러오기는 마찬가지다. 좋은 경치 보자고 까치발을 무한정 딛고서 있을 수 있는 것도 아니고, 마찬가지로 경치가 좋다고 무작정 누워만 있을 수도 없는 일이니 말이다. 좀 더 섬세한 조정이 필요하다.

공간을 이용한 행태 조정은 위의 두 가지 방법보다 좀 더 섬세하게 하는 것도 가능하다. 좀 더 다양한 선택지를 깔아두고 선택할 수 있게 해주면 된다. 예를 들어보자. 경치 좋은 방향으로 창을 내되 서서 보기에 적당한 높이에, 앉아서 보기에 좋은 높이에 그리고 누워서 보는 것이 적당한 위치에 창을 두는 것이다. 사람들은 각자 원하는 행태, 서거나 앉거나 눕거나 하는 행태 중 원하는 것을 마음 가는 대로 선택하면 된다. 무엇을 선택하든 좋은 경치를 볼 수 있으니 불만이 있을 리 없다.

그런데 건축가는 순진한 사람들이 아니다. 사용자가 마음껏 원하는 것을 선택할 수 있게 그냥 놓아둘 만큼 순진하거나 너그러운 사람들이 아니다. 사용자가 마음 상하지 않는 한도 내에서 혹은 사용자가 쉽사리 눈치채지 못하는 방법으로 건축가 자신이 가장 좋아하는 것을 강요한다. 건축가의 이런 태도는 매우 일반적이고 매우 고집스럽게 적용된다. 예를 들어 서서 보는 창, 앉아서 보는 창, 누워서 보는 창에 똑같은 모습을 담지 않는다. 사실 똑같은 모습을 담는다는 것이 불가능하기도 하다. 차이를 두되 아주 미세한 차이를 둔다. 하지만 몇 번을 반복하다 보면 사람들의 선택은 언제나 그중 같은 하나를 선택하게 만든다.

선택할 수 있게 해준다고 했지만 사실 진정한 의미의 선택은 아니다. 가장 좋은 선택을 염두에 두고 나머지는 들러리로 세웠기 때문이다. 들러리를 얼마나 자연스럽게 세우냐가 건축가의 능력을 평가하는 하나의 기준이 되기도 한다. 스스로 찾은 것처럼 해두면 효과는 더욱 좋다. 이렇게 할 수 있는 방법의 원칙은 간단하다. 가장 좋은 경치를 그냥 바로 즐길 수 있게 해놓지 않으면 된다. 약간이라도 사용자의 움직임이 개입되어 공간 구성에 조그만 변화를 가하고 나서야 가장 좋은 경치를 즐길 수 있게 하면 된다. 건축 공간에 약간의 변화를 가미하여 마음에 드는 가장 좋은 경치를 찾아낸 사용자는 두 가지 이유로 만족하게 된다. 하나는 가장 좋은 경치를 즐길 수 있게 되어서 그런 것이고 두 번째로는 그것이 자신이 만들어 낸 것이기에 그러하다. 때로는 가장 좋은 경치를 즐길 수 있다는 것보다 자신이 뭔가를 만들어 냈다는 것에 더 만족감을 느끼기도 한다.

소설에서 흔히 사용하는 복선을 생각해보면 건축가가 사용자를 강요하는 방식을 쉽게 이해할 수 있다. 눈치 빠른 독자는 자그마한 단서가 되는 복선에서 이야기의 큰 줄거리의 방향을 찾아내고 즐거워하지 않는가? 복선은 너무 노골적이지 않아야 하고 동시에 너무나 암시적이어서 알아채기가 지나치게 어려워서도 안 된다. 복선은 결국에는 누구라도 다 알아채지만 적지 않은 수의 독자가 자기만 이렇게 빨리 알아챘다고 자부할 수 있을 만큼만 드러나게 깔아 놓아야 한다. 건축 공간을 구성할 때도 마찬가지다.

건축 공간은 사용자의 행동을 철저하게 규정한다. 노골적이든 암시적이든 말이다. 암시가 성공적이면 성공적일수록 사용자는 기쁜 마음으로 자신의 행동이 통제되는 것을 허용한다.

공간과 행동 그리고 무한 반복

특정한 행동을 하게 만드는 면만 생각한다면 그런 것은 건축 이외에도 많다. 음악이 그렇고 문학이 그렇다. 스포츠도 그렇다. 문화적 활동이 대부분 그렇다고 볼 수 있다. 음악은 춤추게 하고, 문학은 감동으로 눈물을 흘리게 하고, 스포츠는 특정한 동작을 하게 만든다.

특정 행태를 하게 만든다는 측면에서는 건축과 다른 문화적 활동이 유사하지만 그렇다고 차이가 없는 것은 아니다. 여기서 예로 들고 있는 음악, 문학, 스포츠가 만들어 내는 행태는 일시적이거나 간헐적이다. 반면에 건축은 특정 행동을 무한히 반복하게 만든다. 건축이 특정한 행태를 무한하게 만들어 낼 수 있는 것은 사람은 건축 공간을 벗어나서는 정상적인 사회생활을 할 수 없기 때문이다. 모든 종류의 사회생활은 대부분 건축 공간 내에서 이루어진다. 각각의 건축 공간은 특정한 의도를 가지고 사용자에게 특정한 행동을 요구하고 사용자는 사회인이기를 포기하지 않는 한 그 울타리에서 벗어날 길이 없다.

건축 공간이 사용자로 하여금 특정한 행동을 무한 반복하게 만든다는 점에서 이는 마치 법률과 비슷한 느낌이 든다. 인간이 정상적 사회인이기를 포기하지 않는 한 법은 끝까지 쫓아 와서 법을 준수하기를 강제한다. 이에 반항한다면 다양한 제재들이 기다리고 있다.

법률과 비슷한 기능을 하는 다른 장치들도 다양하게 존재한다. 정치활동을 하는 정당도 그런 일종이고 심지어 가족도 일정 부분 그런 기능을 한다. 사회적으로 지켜야 하는 합의를 강제하는 다양한 도구들은 이리도 많다. 이런 도구들은 사람들에게 특정한 행동을 하도록 강제한다. 이런 도구들을 통칭해서 이데올로기적 국가장치라고 부르기도 한다. 즉 한 국가가 건강하게 유지, 발전하기 위해 국민들의 행동을 통제할 목적으로 가동하는 이념적 장치들을 말한다. 건축은 어찌 보면 이러한 이데올로기적 국가장치와 유사한 방식으로 작동한다.

이처럼 강제성의 반복이라는 측면에서 보면 건축은 이데올로기적 국가장치와 유사하다. 그런데 이 둘 간에는 명백한 차이가 있다. 하나는 선택할 수 있는 것처럼 가장이라도 한다는 것이고 다른 하나는 선택의 여지없이 강제한다는 점이다. 이 둘 간의 차이점은 이것 말고도 더 있다. 이데올로기적 국가장치가 노골적으로 특정한 행동을 요구하기에 사람들이 자신의 행동을 규제하는 장치의 존재를 명확하게 인지할 수 있는 반면에 건축은 좀 다르다. 건축은 너무나도 일상에 밀착되어 있을 뿐만 아니라 그 규모가 거대해서 사람들은 자신에게 강제되고 있는 메시지를 인지하기 쉽지 않다는 점이다. 일상에 밀착되어 있다는 것은 매일 매일 일어나는 일이어서 당연한 것으로 치부하고 시비를 걸기가 마땅치 않다는 것을 의미한다.

규모가 거대해서 알아차리기 어렵다는 것은 이런 얘기다. 대체로 사람들이 눈앞에 존재하는 무언가가 좋은 지 나쁜 지를 알려면 그것의 대안을 떠올리고 그것과 비교하는 것이 가장 일반적이면서도 손쉬운 방법이다. 그런데 건축의 경우 공간을 한 번 지어 놓으면 그 대안을 지어보는 것은 불가능에 가까운 일이고 심지어 머릿속에서 상상해보는 것조차도 쉬운 일이 아니다. 간단히 말해서 건축은 한 번 지어지면 그 대안을 상상해보는 것이 거의 불가능에 가깝기 때문에 현재의 상태가 좋은지 나쁜지를 판단하기도 어렵다. 그러다 보니 건축이 만들어 내고 있는 현상 자체를 그저 예전부터 존재하는 자연스러운 것으로 받아들이게 된다는 것이다.

공간, 행동, 무한 반복 그리고 습관

무한하게 반복되는 행동, 그중에서도 행동을 강제하는 뭔가가 있는 지에 대한 인식도 없이 반복되는 행동은 쉽사리 습관이 된다. 습관은 두 가지를 요구한다. 하나는 반복이고 또 하나는 행동을 할 때 거리낌이 없어야 된다는 것이다. 거리낌이 아예 없을 수는 없기에, 있다면 최소한이어야 할 것이다. 사람에게 일정한 행동을 강요하는 기제들은 많지만 이 두 가지를 충족시키는 것은 그리 많지 않다.

건축은 이 두 가지를 아주 훌륭하게 만족시킨다. 일상이 건축 공간 내에서 이루어지니 매일 같은 반복을 피할 길이 없고 동시에 앞서 말한 그런 이유들로 인해 건축이 강제하는 반복은 거의 무의식 수준에서 되풀이 된다. 습관으로 굳어지는 데 걸림돌이 될 만한 것은 아무 것도 없다.

공간, 행동, 무한 반복, 습관 그리고 가치관

습관은 그저 습관에 불과한 것인가? 다시 말해서 아무런 의미 없이 되풀이되는 동작에 불과한 것인가? 습관은 그것이 현재 벌어지고 있는 일을 달리 보게 하는 등의 어떤 특별한 의미를 가지지는 않는다. 오히려 현재 벌어지고 있는 일에 무감각하게 만든다. 하지만 또 다른 선택의 기로에서 선택의 기준이 된다는 점에서는 매우 중요한 의미가 부여되지 않을 수 없다. 습관이 무서운 것은 그것이 매번 반복되어서가 아니고 아무 생각 없이 반복되는 그것이 미래의 방향을 결정하는 판단 기준으로 기능을 하기도 하기 때문이다.

습관은 그것에서 벗어나고자 하는 자각이 없는 한 불편할 것도, 불행할 것도 없는 고삐 같은 것이다. 습관의 힘이 얼마나 큰 것인지 알아볼 만한 예를 들어보자.

지금은 찾아보기 힘든 것들 중에 쪽문이 달린 대문이 있다. 불과 한 이십여 년 전만 해도 우리는 쪽문이 달린 대문을 달고 살았다. 원래 대문은 두 짝으로 되어 있다. 한 짝의 크기가 높이는 이 미터에 가깝고 폭은 일 미터 육십을 넘는다. 이 두 짝을 다 열어 놓으면 사람의 왕래는 물론이려니와 집 안에 들여 놓아야 할 모든 가재도구가 별 불편

쪽문이 달린 대문

함 없이 들고 날 수 있다. 그런데 문을 이렇게 개방하는 경우는 흔치 않았다. 문의 한쪽에 높이는 일 미터 육십 남짓에, 폭은 육십 센티미터가 채 못 되는 작은 쪽문을 달아 놓고 평상시에는 이 문을 사용했다. 이 문을 드나들자면 머리를 숙여야 하는 것은 물론이고 어깨를 좁히거나 몸의 방향을 틀어야만 했다. 지금 생각으로는 굉장히 불편했을 것이 틀림없지만 그 당시에는 너나 할 것 없이 이런 문을 사용했다. 불편함을 느끼지 못한 것은 말할 필요도 없다.

지금 사람의 눈으로 보자면 불편하기 짝이 없는 문이다. 게다가 쪽문을 그리 작게 만들어야 할 특별한 이유도 없어 보이니 참으로 이해하기 힘든 상황이다. 요즘 그런 문을 사용하는 집은 없다. 지금 사람이 삼십 년 전 사람보다 키도 크고 몸집도 커진 것은 사실이지만, 그런 물리적 조건으로만 본다면 예전 사람들도 당연히 불편을 느꼈을 것이다. 하지만 삼십 년 전에는 어느 누구도 불편한 줄을 몰랐다. 그냥 익숙하게 길이 들어 있었기 때문이다. 이게 바로 습관의 힘이다.

습관이 무서울 수 있는 것은 우리가 자각하지 못하는 가치관이 그 저면에 숨어 있을 수도 있기 때문이다. 습관이 미래의 가치관이나 사고방식을 결정하는 근거로 작동하는 이유는 습관에는 알게 모르게 가치관이나 사회에서 통용되는 보편적 사고방식이 스며들어 있기 때문이다.

건축 이외의 사건이 작동해서 형성된 습관인 경우에는 그것을 역추적하기가, 즉 습관으로부터 사건을 추론해 내기가 쉽지 않다. 더욱이 눈에 보이지 않는 무형적 사건에 근거하고 있다면 더욱 그렇다. 반면에 건축이 개입해서 형성한 습관이라면 얘기는 좀 달라진다. 유형적 물체로 존재하는 건축을 분해해 보면 습관이 어떻게 형성되었는지를 알 수 있다. 어떤 특정한 건축 공간 구조가 특정한 습관을 형성했다고 할 때, 습관의 의미를 직접적으로 파악하는 것은 어려운 일이지만 건축 공간 구조를 분석해서 습관의 의미를 파악할 수는 있다는 얘기이다.

우선 습관을 형성하게 만든 건축 공간 구조를 뽑아낸다. 건축 공간 구조는 항상 특정한 요구에 대한 해결책으로 제시되는 것인데, 대부분의 경우 특정한 요구에 대한 해결책은 다수로 존재한다. 유일한 어느 한 가지 방법만 존재하지는 않는다는 말이다. 현재 통용되고 있는 건축 공간 구조는 최초의 순간에는 여러 가지 대안들 중의 하나였을 뿐이다. 그리고 그 대안이 적어도 당시에 제시된 요구에 부응하는 데는 아무런 문제가 없는 것이었음은 다시 말할 필요도 없다.

대안은 제시된 요구에는 부응하지만 그것 이외에는 차이점을 가지게 된다. 어느 대안이 요구 사항 이외에 또 다른 방향으로 기능을 가진다면 또 다른 대안은 마찬가지로 요구 사항을 충분히 만족시키면서 또 다른 방향의 기능을 가지고 있을 수 있다. 이 때 다양한 대안들 중에서 어느 하나를 선택하는 것은 개인의 선호이기도 하지만, 개인의 선호 또한 사회적 합의에서 크게 벗어날 수는 없다는 점을 감안한다면 대안 선택의 기준은 최초의 선택이 필요했던 당시의 사회적 합의가 된다. 현재 통용되고 있는 습관을 만들어 낸 건축 공간 구조와 대안 구조를 나란히 놓고 보면 현재의 그것을 선택하게 된 사회적 합의가 무엇이었는가를 알아낼 수 있게 된다.

위와 같이 역추적한 건축 공간의 탄생 과정을 다시 시작부터 살펴보자. 특정한 공간 구조가 탄생하는 최초에 그 당시의 사회적 합의가 여러 대안들 중에 하나가 선택되는 계기로 작동한다. 건축 공간의 특성상 선택된 하나는 유일한 대안으로 살아남게 된다. 이유는 앞서 얘기한 것처럼 건축이 일상생활에 밀착되어 있다는 것이고 또한 그 규모의 거대함으로 인해서 사람들은 그것이 작동하는 기제를 인식하기 어렵기 때문이다. 대안을 선택하게 만든 사회적 합의는 대안과 함께 살아남는 반면에 나머지 대안들을 지탱하고 있던 사회적 합의들은 그것이 묶여있는 대안과 함께 사라지게 된다. 여기서 다시 한 번 주의해야 할 것은 대안을 선택하게 만든 사회적 합의 또한 선택된 특정한 건축 공간 구조가 유일한 대안으로 여겨지듯이 유일한 사회적 합의로 받아들여지게 된다는 것이다. 이것이, 즉 최초의 선택의 순간에 존재했던 다수의 대안을 지지했던 사회적 합의들이 사라지고 오직 하나의 대안을 지탱하는 사회적 합의만이 살아남아 너무나도 당연한 것이 되어 버린 상황이 습관에 진하게 묻어 있는 가치관의 존재를 인식하기 어렵게 만드는 이유가 된다.

길들이는 건축, 길들여진 인간

습관을 만들어 낸 가치관이나 사고방식의 존재를 인식하든 안하든 선택된 공간구조는 특정한 행동을 무한 반복하게 만들고 이러한 행위는 사회적 합의를 반복해서 인정하게 만든다. 건축 공간은 특정한 행동을 무한하게 반복하게 해서 그 행동의 최초 선택 기준이 되었던 사회적 합의를 반복해서 인정하게 만들고 종국에는 사회적 합의가 다수의 가능성 있는 합의 중 하나였다는 것조차도 잊게 만든다. 이렇게 해서 건축은 인간을 길들이고, 인간은 길들여지게 되는 것이다. 굳이 길들여진다는 표현을 사용하는 것은 우리는 이 과정을 통해 현재의 건축 공간 구조나 그로부터 비롯되는 습관이나 거기에 스며있는 사회적 합의, 즉 가치관의 옳고 그름이나 혹은 적절성 여부를 판단할 의지조차 갖지 못하게 되기 때문이다.

이런 식의 주장에서 가장 유명한 발언으로 처칠의 말이 있다. "We shape the buildings, they shape us." 우리는 건축을 만들고 건축은 우리를 만든다는 의미가 된다. 이 말을 좀 더 확장해서 적용해보면 우리 자신에 대해서 잘 알고 싶다면 건물을 들여다보면 된다는 말이 되기도 한다. 처칠의 말에서 we와 us는 여러 면에서 다르다고 보아야 한다. 우선 we는 과거의 우리가 되고 us는 현재의 우리가 된다. 우리 자신을 알기 위해서 굳이 건물을 들여다 볼 이유가 생기는 것은 건물을 지은 주체가 예전의 우리이기 때문이다. 그런데 내가 지은 건물이라면 굳이 다시 들여다 볼 필요가 있겠는가? 이는 we와 us의 또 다른 면은 건물을 특별한 의도를 가지고 짓는 사람이 따로 있고 거기서 사는 사람 또한 따로 있을 수 있기 때문이다. 어떤 이들은 다른 사람을 적절하게 통제하고 조작하기 위해서 교묘한 형태로 건축을 구성하기도 한다.

영국 런던의 알버트 홀에서 we는 귀족이 되고, us는 평민이 된다. 지금은 그리 사용되지 않고 있지만, 알버트 홀이 개장되었을 당시에 귀족과 평민은 다른 출입구를 사용하게 되어 있었고, 내부의 객석 위치 또한 구분되어 있었다. 귀족이었기에 귀족을 위한 출입구와 객석을 이용했을 것이다. 또한 평민이었기에 평민을 위해 마련된, 사실은 평민을 귀족으로부터 분리해내기 위해 고안된 출입구와 객석을 이용했겠지만 시간이 흐르면 사정이 달라진다. 귀족 출입구를 사용하고 귀족 자리에 앉는 자가 귀족이 되는 것이다. 마찬가지로 평민 출입구를 사용하고 평민 자리에 앉는 자는 평민이 된다. 알버트 홀은 그 특유의 공간 구조로 귀족은 귀족이라는 것을, 평민은 별 수 없이 평민이라는 것을 늘 인정하게 만든다.

어떤 식으로든지 we와 us를 구분해서 들여다보기 시작하면 우리라는 모호한 표현으로 뭉뚱그려 보아서는 알아낼 수 없는 것들을 건축물을 통해서 알 수 있는 길이 있다는 것이 분명해진다.

알버트 홀

인간의 이해와 건축 공간

이제 다시 이해할 수 없는 일본인과 건축 공간으로 돌아가 보자. 일본인의 이해할 수 없는 행태나 가치관도 그들이 살아가는 건축 공간을 보면 이해할 수 있다. 그들의 행태나 가치관에는 아무런 과거의 기록도 남아있지 않으나 그런 행태나 가치관을 낳게 한 건축 공간에는 과거의 기록이 남아있기 때문이다. 걸음걸이를 조심해야 하는 마루 구조에는 서원조 주택에 서려있는 암울한 역사가 견고한 기록으로 남아있다. 혼네와 다테마에를 공공연하게 인정하는 일본인의 생활태도에는 아무런 추측할 만한 단서를 발견할 수 없다. 하지만 '밖'과 '안'을 명확하게 구분함으로써 밖으로 보여주는 삶과 안에서의 삶이 다를 수 있음을 보여주는 일본 주택의 '오모테'와 '우라'에는 혼네와 다테마에를 설명하는 기록이 존재한다. 수 만 개가 넘는 신사를 가지고 있으면서 진지하게 신사의 신을 믿는 일본인의 행태 자체에는 그것을 석연하게 설명하는 그 무엇도 찾아볼 수 없다. 하지만 일본 주택 공간에서 가장 위계 높은 자리를 차지하고 있는 '불단'은 최초에 그런 자리를 신에게 내어준 당시의 사회적 합의가 무엇이었는지를 분명하게 지목하고 있다.

누군가가 이해하기 힘든 특정한 삶의 방식을 고집하고 있다고 하자. 그를 아예 무시해버릴 수 있다면 속 편할 일이겠으나 그를 이해할 필요가 있다면 어찌할 것인가.

의외의 곳에서 답이 찾아질 수도 있다. 특정한 삶의 방식을 요구하는 건축 공간을 살펴보자. 그리고 그것 외에 어떠한 대안이 가능했을지를 생각해보자. 그리고 그다음에는 그 대안을 선택하게 만든 가치관이나 사고방식을 찾아내보자. 이런 과정을 거치면 너무나 자연스러워서 인식하지 못하고 흘려보내는 가치관이나 사고방식을 알아챌 수 있게 된다. 이 과정을 통해 이해할 수 없는 특정한 삶의 행태를 보여주는 사람을 이해할 수 있는 단초를 얻을 수 있을 것이다.

3. 이해하기 어려운 부모 세대

이해하기 어려운 부모

이해하기 어려운 사람은 일본인만이 아니다. 속내를 조금만 자세히 들여다 볼라치면 이해할 수 없는 것들로 가득찬 사람을 우리는 잘 알고 있다. 자식의 부모다. 닮은 것으로 치자면 부모와 자식 만큼 닮은 사이가 어디에 또 있을까? 비슷해보여서 오히려 차이가 두드러지는 한국인과 일본인의 관계가 부모와 자식 사이에도 존재한다.

이해하기 힘든 부모를 두고 사는 것은 동서고금이 동일하다. '이해할 수 없는 요즘 젊은이들'이라는 말이 이집트 상형문자에서도 발견된다고 하니 부모와 자식 간의 이해할 수 없는 차이의 존재는 고금을 막론한다. 서양 영화에서 질리도록 주제로 삼고 있는 부모와 자식 간의 불화와 화해는 그것이 동서양을 불문한다는 것을 말해준다.

동서고금을 가리지 않는 부모와 자식 간 이해의 어려움이 언제나 틀림없이 전제하고 있는 것은 그들은 서로를 이해하고 싶어 한다는 점이다. 그들이 서로를 이해하고자 하는 바람이 없었다면 이해하기 어렵다는 것으로부터 비롯되는 어떤 갈등도 없었을 것이다. 불행하게도 부모와 자식 간의 갈등은 피할 길이 없는 자연의 법칙 같은 것이고, 갈등을 풀거나 묻어둔 채 지나기로 결정하는 것은 인간의 일이다.

이 세상에 태어난 모든 부모와 자식은 자연의 섭리에 따라 갈등을 겪게 되고, 그들은 언제나 화해를 바라지만 모두가 이에 성공하는 것은 아니다. 많은 부모와 자식이 화해에 성공하지 못할 뿐만 아니라 적지 않은 수가 화해의 실마리조차 찾지 못한다. 언제나 화해하고자 하는 바람은 있으나 그것을 시도하는 것조차 쉽지가 않다. 많은 수의 자식들이 부모와의 갈등을 피하며 살게 되지만 마음 한 구석에는 언제나 부모에 대한 빚이 있는 것도 사실이다.

진실로 자식을 갈등에 빠뜨리는 것은 부모에 대한 미움이 아니라 부모에 대한 빚의 감정이다. 자식은 부모에게 진 빚을 갚으려고 시도를 하기도 하지만 그게 말처럼 쉬운 일이 아니다. 자식은 부모와 갈등을 이어나가는 사이에 어느덧 또 하나의 부모가 된다. 이제 그는 부모에 대한 빚을 부모의 손주가 되는 자기 자식에 대한 사랑으로 갚으려고 한다.

유전자에 대해 자세하게 알게 된 것은 비교적 최근의 일이지만 유전자의 존재에 대해 알든 모르든 간에 인간이란 존재는 그것의 명령을 충실하게 실천하며 살아왔다. 부모에게 진 빚을 자식에 대한 사랑으로 갚겠다는 심사도 거기서 비롯된다. 유전자의 입장에서 보자면 부모와 자식 간의 갈등 해소란 건 자신에게 득이 될 일이 별로 없다. 유전자의 욕망은 그저 더 많은 유전자를 세상에 퍼뜨리는 것이니 말이다. 유전자에게 중요한 것은 부모와 자식 간의 화해가 아니라 자식이 더 많은 자식을 퍼뜨리는 일일 뿐이다. 자식이 유전자의 이런 절절한 바람을 알고 그런 것은 아니겠지만, 대부분의 자식들은 자신의 자식에 대한 사랑으로 부모에게 진 빚을 탕감하려 든다. 물론 그게 최선의 선택이 아님은 알고 있다. 하고 싶어도 되지 않는 화해의 어려움이 그렇게라도 하도록 한 것 뿐이다.

자식의 자식에 대한 사랑은 순조로울 것인가? 그것은 또 다른 갈등의 시작일 뿐이다. 자식에 대한 자식의 사랑은 또 하나의 부모 자식 간의 갈등의 시작이 된다. 그의 자식은 또 다시 화해의 어려움에 빠지게 될 것이고 그러다가는 또 다시 자신의 자식에 대한 사랑으로 자신의 부모에 대한 빚을 탕감받고자 할 것이다.

세대 차이

부모 자식 간의 갈등을 설명하기 위해서는 세대차이라는 개념을 적용하는 게 더 효과적이다. 부모 자식 간 갈등의 많은 부분은 역할 경험의 차이에서 비롯된다. 부모는 자식이 아직까지 해보지 못한 역할을 수행하면서 자식과는 다른 지식과 경험을 갖추게 되는데 이게 바로 이들 사이에 갈등을 만들어 내는 재료가 된다.

부모의 눈에는 뻔하게 보이는 미래가 자식의 눈에는 보이지 않는다. 물론 부모가 자식에 비해 미래를 더 잘 볼 수 있는 것은 그가 이미 획득한 지식과 경험 때문이다. 부모가 획득한 지식과 경험이 올바른 것이고 그걸 자식이 인정할 수 있다면 이 둘 간의 갈등은 쉽게 해소될 수도 있다. 하지만 문제는 자식에게는 부모가 가지고 있는 지식과 경험의 옳고 그름을 판단할 수 있는 지식과 경험이 없다는 거다. 부모가 아무리 훌륭한 지식과 경험을 가지고 있어도 자식은 그것의 가치를 제대로 알 길이 없다. 게다가 더 큰 문제는 부모의 지식과 경험이 항상 올바르냐 하는 것이다.

부모의 지식과 경험은 한 개인의 역량 부족으로 인하여 불완전하기 십상이다. 또한 사회적 환경에 급격한 변화가 발생한다면 그의 지식과 경험은 의심을 받기에 충분한 상황이 된다. 얘기를 간략하게 하자면 역할 경험의 차이로부터 발생하는 지식과 경험의 차이에서 항상 부모가 옳다고 말할 수 있는 상황이 아니라는 것이다. 그런데 역할 경험의 차이는 언제나 발생하는 것이니 부모 자식 간의 갈등은 불가피하게 생겨날 수밖에 없다.

역할 경험의 차이로 인한 세대차이의 해결은 생각보다 간단할 수 있다. 자식이 부모와 같은 역할을 경험해보면 된다. 이 과정에서 이 둘은 비슷한 지식과 경험을 가지게 되고 이로 인해 갈등은 수그러들 수 있다. 하지만 자식이 부모의 역할 경험을 진지하게 해본다는 게 쉬운 일이 아니다. 게다가 타이밍 또한 문제다.

부모 자식 간의 갈등 해소는 빠르면 빠를수록 좋다. 그들 간의 갈등 해소가 빠르면 빠를수록 자식은 좀 더 나은 지식과 경험에 노출될 수 있는 기회를 가질 수 있다. 이게 바로 부모가 자식에게 바라는 바다.

부모 자식 간의 갈등은 때가 되면 자연스레 해소가 될 것이라고 얘기한다. 실제로도 그렇다. 부모가 언제나 불가피하게 발생할 수밖에 없는 자식과의 갈등을 너무 성급하게 서둘러서 해결하려고 억지를 부리지만 않는다면 말이다. 하지만 부모들은 너나 할 것 없이 억지를 부리려고 시도한다. 자식을 사랑하기 때문이다.

근대와 탈근대를 거치는 특별한 세대 차이

사람 사는 세상에서는 언제나 부모와 자식 간의 갈등이 있었을 것이다. 그리고 그것은 세대차이라는 개념으로 이해할 수 있었다. 그런데 20세기는 특별한 세대차이를 목격하게 된다. 역할경험의 차이라는 개념으로는 이해할 수 없는 부모와 자식 간의 차이를 경험하게 된 것이다.

20세기는 근대와 탈근대가 진행된 시기다. 근대와 탈근대 얘기는 어떤 분야에서든 중요하면서도 명확하게 정의되지 못하는 개념이다. 그러기에 여기서 말하는 근대와 탈근대가 무엇을 말하고자 사용되는 용어인지에 대해 얘기할 필요가 있을 것이다. 그러나 근대와 탈근대가 무엇인지 얘기하기 전에 그것은 너무나 큰 사회적 상황의 변화여서 부모 세대가 역할 경험의 차이로 인해서 앞서 획득한 탈근대 이전의 지식과 경험을 그 이후에 적용하기는 곤란하게 되었다는 점을 먼저 얘기해야 한다. 사실 근대와 탈근대의 경험이 무엇이었느냐 것은 그리 중요하지 않다. 중요한 것은 근대와 탈근대의 경험이 매우 획기적인 것이어서 그 이전에는 옳다고 여겨지던 것들이 뿌리채 흔들리는 상황이 되었다는 것이 중요하다.

근대와 탈근대가 맞물린 세대차이는 그 이전 어느 시기의 세대차이보다도 막대하다. 부모의 지식과 경험이 전적으로 부인될 수 있는 상황이 닥친 것이기 때문이다. 부모가 근대와 탈근대로 인한 사회적 상황의 변화를 온전하게 수긍한다면 모를까 그렇지 않다면 부모와 자식 간의 갈등은 해소하기 힘든 것이 된다. 부모를 부인하고자 하는 자식의 입장이 너무나도 강화되었고, 오히려 부모를 부인하는 자식의 판단이 더 옳은 것일 가능성이 더 높아졌기 때문이다.

근대와 탈근대에 대해서 간략하게나마 짚고 넘어가자. 얼핏 이런 개념들은 건축과는 무관하다고 여기질 수도 있겠지만 실상은 그렇지 않다. 건축 또한 근대와 탈근대의 영향을 피할 수 없었기 때문이다.

근대의 문을 연 것은 잘 알다시피 합리적 이성이다. 이성은 그것이 활동을 시작하기 이전에는 일종의 도구에 불과하다. 생각할 수 있는 충동이며 그 충동을 조절할 수 있는 경향 정도로 이해할 수 있는, 인간이 구비한 도구이다. 인간은 이 도구를 사용해서 합리적 사고를 할 수 있게 되었고, 그러한 과정을 통해서 만들어진 지식은 이전의 지식과는 다른 지위를 차지하게 된다. 근대 이전의 지식은 인간이 의식적으로 만든 것이라기보다는 역사 속에서 살아남은 것이라고 보아야 한다. 달리 표현하자면 인간이 겪은 다양한 경험 중에서 시간을 버티고 살아남은 것들이라고 보면 될 것이다. 이런 지식은 언제나 역사적이다. 역사적 맥락이 맞는 영역에서만 옳음을 획득한다. 역사적 맥락이 달라지면 그 지식의 타당성은 의심을 받게 된다. 반면 근대 이후 인간이 이성을 작동시켜 만들어 낸 지식에는 특별한 지위가 부여된다.

근대 이후 지식은 시공을 초월하게 된다. 어느 한 곳에서 통용될 수 있는 지식은 다른 곳에서도 유효하며, 특정 시기에 유효성이 입증된 지식은 다른 시기에도 여전히 적용 가능한 것이라는 보증서를 받아들이게 된 것이다. 근대 이전의 지식이 역사적 맥락이라는 권위에 의존하는 반면 근대 이후의 지식은 이성에 의존한다. 전근대-근대의 전환기에 부모의 지식과 경험은 흔히 권위적인 것이 되고 자식의 지식은 이성에 바탕을 둔 합리적인 것이 된 것이다.

한국의 20세기는 근대를 소화하기에도 힘든 상황에서 탈근대를 맞이하게 된다. 이 시기에는 이성에 바탕을 둔 합리적 지식 역시 또 다른 권위에 불과하다는 판결을 내리게 된다. 즉 탈근대의 문이 열린 것이다. 부모의 권위가 한동안 자식의 합리적 지식으로 대체되는가 싶더니 자식의 그것조차도 또 하나의 권위로 전락한다. 부모의 권위가 무언가 다른 것으로 대체되어야만 했던 것처럼 자식의 합리적 지식도 다른 것으로 대체되어야만 하는 상황을 맞이하게 된 것이다. 근대-탈근대의 전환에서 상황은 더 나빠진다. 근대는 부모의 권위를 대체할 수 있는 것으로 이성에 바탕을 둔 합리적 지식이라도 있었지만 탈근대에게는 그것조차도 없기 때문이다.

이로써 21세기를 살아가는 부모 자식 간의 갈등은 해소하기 더 어려워졌다. 단순한 역할 경험의 차이로 인한 세대차이에 근대와 탈근대로 불리는 격변의 시기가 겹쳤기 때문이다. 역할 경험의 차이로부터 비롯된 세대차이라는 말로, 근대와 탈근대의 경험에 의한 인식의 변환이라는 말로 부모 자식 간의 갈등을 잘 설명하면 무엇하겠는가. 설명이 가능하더라도 해소할 방법은 없으니 말이다. 우리에게 정작 필요한 것은 갈등의 원인에 대한 설명이 아니라 갈등을 해소할 수 있는 계기다. 이런 필요를 느끼는 순간에서 건축과 도시에 대해 얘기해 보고자 한다.

부모의 마을

나는 쉽게 이해하기 힘든 일본인을 만났지만 그들의 주택을 살펴보면서 그들을 이해할 수 있는 실마리를 찾았다. 이해할 수 없는 부모는 어디에나 존재한다. 그들과의 만남이 불가피하다면, 그리고 그들과 화해할 방법을 찾고 싶다면 일본인의 주택을 살펴보듯이 그들이 살아온 건축공간을 살펴보는 것은 어떨까? 곤혹스러운 형편에 내몰린 자식에게 부모를 이해할 수 있는 계기를 마련해 줄 수 있지 않을까?

갈등을 겪고 있는 부모와 자식의 십중팔구는 같은 집에서 살고 있을 것이다. 따로 산다면 별도로 해결책을 찾아 나설 만큼 갈등의 골이 그리 깊지 않을 것이고, 적어도 갈등이 있든 없든 그냥 지낼 만한 상태일 것이기 때문이다.

부모와 자식이 한 집에서 살고 있는 것은 맞지만 그들이 같은 집에서 살고 있다고 생각하면 곤란하다. 부모와 자식은 비록 물리적으로는 같은 집에서 살고 있지만 사실은 서로 다른 집에서 산다. 자식은 뉴타운의 아파트를 자기 집이라고 생각하고 살겠지만, 부모는 그렇지 않기 때문이다. 부모는 그곳을 잠시 머물러 있는 숙소 정도로 생각한다. 부모는 이곳에 자신이 아주 오랜 기간 동안 눌러 살 것이라고 생각지 않는다. 더욱이 자신이 이 아파트에서 일생을 마감할 것이라고는 손톱만큼도 생각하지 않을 것이다. 언젠가 기회가 오면 자신은 자신의 집으로 돌아갈 것이라고 믿는다. 그리고 그 기회가 조만간 있을 거라고 믿고 싶어 한다.

부모가 돌아갈 집은 자신이 유년을 지냈던 집, 마을의 집이다. 자식은 뉴타운의 아파트에 살지만 부모는 언제나 기억 속에 존재하는 마을의 집에 산다.

일본인을 이해하기 위해 그들의 집을 방문한 것처럼 부모를 이해하자면 여전히 마을 어딘가에 웅크리고 있을 그의 집을 방문해 볼 만하다. 부모를 이해하고 싶은 마음이 있다면 더욱 좋지만 단순한 호기심만으로도 충분하다.

뉴타운의 아파트는 편리하다. 뉴타운에는 옛날 마을에 없던 편리한 시설들이 즐비하다. 개별 건축물 차원에서도 그렇고 도시적 차원에서도 마찬가지다. 아파트에는 마을에는 없는 시설과 공간들로 넘쳐난다. 편리함이라는 측면에서 본다면 마을과 마을의 집은 뉴타운과 아파트에 비교할 바가 아니다.

그렇다고 해서 마을과 마을의 집이 뉴타운과 아파트에 비해 열등하기만 한 것은 아니다. 거기에는 뉴타운의 자식이 경험하지 못한 무언가가 있다. 그것이 좋고 나쁘고 혹은 중요하고 안 중요하고를 떠나서 우리가 관심과 주의를 기울여 볼 필요가 있는 것은 부모의 마을과 부모의 집은 뉴타운과 뉴타운의 아파트와는 많이 다르다는 점이다.

부모의 마을과 마을에 있던 그들의 집이 자식의 뉴타운과 그 속의 아파트와 얼마나 다른가에 대한 얘기가 이 책의 주된 내용이다. 앞으로 이 둘 간의 차이를 자세하게 살펴보겠지만 먼저 간단한 사례를 들어 마을 사람과 뉴타운 사람이 얼마나 다를 수밖에 없는지를 서둘러 얘기해보자.

마을 사람들은 눈이 오면 동 트기 전에 빗자루를 들고 나가 집 앞의 눈을 깨끗이 쓴다. 때 맞춰 눈을 쓸어놓지 않으면 동네 사람들에게 흉잡히기 십상이기 때문이다. 어디서부터 어디까지가 내 집 앞인지는 특별한 경계 표시가 없어도 모두가 잘 안다. 수십 년에 걸쳐 알게 모르게 합의가 된 사항이다.

아파트 사람들은 눈이 와도 눈이 오는 줄도 모르는 경우가 많다. 사복사복 눈 내리는 소리가 높은 층까지 들리기 어렵기 때문이다. 눈이 오는 줄 몰라서이기도 하지만 눈이 아무리 내려도 굳이 치울 필요 또한 없다. 내 집 앞이 뚜렷하게 있는 것도 아니기 때문이다. 부지런하고 착실한 아파트 입주민 몇몇이 빗자루를 들고 나오는 일이 있기는 하지만 내 집 앞 눈 쓸기는 해도 그만, 안 해도 그만인 일이 된다.

내 집 앞 눈 쓸기는 단순하게 눈을 쓸고 안 쓸고로 끝나지 않는다. 내 집 앞 눈을 내가 쓸었다고 하는 것은 공공의 공간 문제에도 관여할 준비가 되어 있다는 것을 의미한다. 한 걸음 더 나아가면 이웃과의 관계를 적극적으로 만들어 나가겠다는 의지의 표현이기도 한 것이다. 반대로 아파트에서 내 동 앞 눈을 쓸지 않아도 된다는 것은 공공의 공간에 관여하고 싶지 않다는 것이기도 하고, 때로는 관여하고 싶어도 적절한 기회가 만들어지지 않는다는 것을 의미하기도 한다. 같이 눈을 쓴다는 핑계로 이웃과 인사를 틀 수 있는 기회를 만들 수도 있겠지만 아파트에서는 그걸 잘 허용하지 않는다. 마을에 사는 사람과 아파트에 사는 사람이 대인 관계에서 차이가 생길 수밖에 없는 대목이다.

뉴타운의 아파트와 마을의 집을 비교할 때 가장 눈에 띄는 것 중에 하나가 문패다. 마을의 집은 문패를 걸어 놓는다. 그 집 주인의 이름이 적혀있는 팻말이다. 문패는 주로 우편물을 받을 용도로 사용되지만 그것의 속 의미는 더 크다. 문패는 '내 집'이라는 표시다. 셋

마을 집의 문패

방살이를 하는 사람이라면 문패를 걸어 놓을 수가 없다. 간혹 마음씨 너그러운 주인집을 만나면 문패를 나란히 걸어놓을 수 있는 기회를 가지기도 하지만 대부분은 그렇지 못하다. 문패는 자랑스러운 것이다. 예전 마을 사람들은 자기 집을 가지게 되었을 때 문패를 걸어 놓는 것이 중요한 의례였다.

아파트에는 문패가 없다. 아파트에는 호수가 써져있다. 125동 1203호, 이런 식이다. 그 집 주인이 누군지 알려주지 않는다. 마을의 집은 누구누구 씨 댁이라 불린다. 뉴타운의 아파트는 호수로 불린다. 마을의 집에 사는 사람은 누구누구 씨 댁 누구가 된다. 뉴타운의 아

부모의 마을과 자식의 뉴타운

아파트의 호수

파트에 사는 사람은 아파트 호수로 불린다. 1203호라는 식으로. 호수는 사는 집이 되기도 하고, 그곳에 사는 사람이 되기도 한다. 아파트에 사는 사람은 이름은 잊혀진 채 호수로 남는 것이다. 마치 교도소의 수감자처럼.

마을 사람이라면 자신이 이름으로 불리지 않고 몇 호라고 불리는 것을 무척 마땅치 않게 생각할 것이다. 하지만 뉴타운의 아파트에 사는 1203호 주인은 이름보다도 1203호가 더 편하다. 익명성 속에 숨어 지내는 것이 더 편한 사람들이다. 오히려 자신의 이름을 대문 앞에 떡 붙여두는 마을 사람이 이상해 보인다. 반대로 마을 사람 눈에는 버젓이 있는 이름을 놔두고 호수로 대신하는 아파트 사람이 이상하기만 할 노릇이다.

4. 부모의 마을, 자식의 뉴타운

부모는 마을에 살고, 자식은 뉴타운에 산다

지금(2018년) 아버님 혹은 어머님이라고 불릴 만한 나이인 5, 60대 사람들은 거의 모두 마을 출신들이다. 물론 마을을 엄격하게 정의하기가 쉬운 일은 아니지만, 여기서는 우선 계획된 도시가 아닌 자연스럽게 진화해 온 정주지를 마을이라 부르기로 하자. 이런 정의라면 5, 60대들은 분명 마을에 살았었다. 그리고 그들은 여전히 마을 사람이다. 이제는 더 이상 마을에 살지 않음에도 불구하고 말이다. 그들이 여전히 마을 사람인 것은 그들이 현재 몸을 의탁하고 있는 뉴타운을 언젠가는 떠나야 할 임시 거주지로 생각하고 있기 때문이다. 그가 뉴타운을 떠나서 언젠가는 돌아가겠다고 하는 곳이 정확하게는 어디인지는 본인도 잘 모르겠지만, 그것은 그의 기억 속에 살아있는 마을일 것이다.

지금 7, 80대에게 아파트로 대변되는 뉴타운은 희한한 삶의 장치다. 마당도 없고 공중에 붕 떠서 사는 새장이다. 늙고 힘없어 자식들에게 의지할 수밖에 없어 뉴타운으로 이사 온 노인들이 아파트라는 환경에 적응하는 것은 힘겨운 일이다. 노인들에게는 반소매만 입고도 겨울을 날 수 있고 꼭지만 돌리면 따뜻한 물이 철철 흘러나오는 아파트가 편리할 수는 있어도 답답하기 짝이 없는 공간이다. 하루 세끼 밥 해먹을 힘만 있으면 노인들은 마을의 집으로 돌아가고 싶어 한다. 그런 부모를 못마땅한 눈으로 쳐다보던 5, 60대들도 곧 그들의 부모와 똑같은 생각을 하게 될 것이다. 직장에 매달려 먹고 살기에 바빴던 시절에는 생각지도 못한 답답함이 이제는 자식 세대에게도 찾아온다. 부모는 뉴타운을 떠나 마을로 돌아갈 때가 된 것인지도 모른다.

지금(2018년) 20~40 대라면 그들에게 집은 아파트다. 그들 중 적지 않은 비율은 아파트에서 태어나 그곳에서 자랐다. 아파트 단지를 둘러싸고 있는 담장과 그 안에 줄 지어 들어선 아파트 건물들, 그리고 그 안에 새장처럼 끼워져 있는 아파트가 그들에게는 자연스러운 집이다. 마당은 애초부터 있어본 적도 없으니 아쉬울 것도 없다. 땅에 발을 붙이고 살아본 적이 없으니 고층, 초고층이 어색할리도 없다. 자식에게 아파트는 편리한 공간이다. 물론 그들이라고 아파트가 편리하기만 한 공간은 아니다. 그래도 그들은 크게 잘못됐다는 생각은 하지 못한다. 워낙에 아파트에서 태어나 아파트에서 성장했기 때문에 아파트가 제공하는 공간의 성질을 당연한 것이라고 받아들이기 때문이다.

감시탑 같은 거실을 가진 아파트

자식 입장에서 볼 때 아파트가 불편한 것은 주로 프라이버시 문제다. 아주 대형이거나 혹은 주상복합 아파트가 아니라면 대개의 경우 거실이 아파트의 중심공간을 차지하면서 감시탑 같은 역할을 한다. 모든 아파트 내부 단위 공간(방)들이 거실에 매달려 있기 때문에 그렇다. 거실에 앉아있으면 집안에서 일어나는 모든 행동들을 세밀하게 지켜볼 수 있다. 자식의 방과 거실 사이를 가로막고 있는 것은 얇은 방문 하나다. 그 방문 하나로 자식은 자신의 프라이버시를 지켜낸다. 아파트의 중심인 거실에서도 중심을 차지하고 있는 것은 텔레비전이다. 거실의 텔레비전 소리는 자식의 방문을 넘어

들어가기 일쑤다. 자식의 빈약한 방문은 언제 들이닥칠지 모를 부모의 간섭을 아슬아슬하게 막아내고 있는 유일한 최후의 보루다.

자식의 방문이 열리는 순간 거실에 앉은 부모는 자식의 모든 것을 감시할 수 있다. 자식은 감시탑에 앉은 부모의 감시에 숨이 막힐 지경이다. 하지만 자식은 그런 것을 피할 수 없는 당연한 것으로 여긴다. 그런 공간 외에는 살아본 적도 없고, 그러다 보니 집이란 의례 늘 그런 것이라고 생각하기 때문이다. 자식은 집이 공간 구조의 문제라고 생각하지 않는다. 그 대신에 언젠가 이 집을 떠나는 것만이 질식하지 않고 살 수 있는 유일한 길이라고 믿으며 떠날 날 만을 기다린다.

방문 하나로 간신히 버티는 자식과 다르게 부모 세대는 제법 자신

채로 구분되는 마을의 집

의 프라이버시를 견고하게 지킬 수 있는 공간 구조에서 자랐다. 마을 집은 대부분 채로 공간을 구분한다. 남편과 부인으로 구성되는 초기 가족에서는 방 한 칸, 부엌 한 칸이면 충분하다. 거기다가 대청마루라도 있으면 더 바랄 게 없다. 그러다가 자녀가 두엇 생기면 건물 한 채를 마당 한 켠에 들인다. 그 시절 자식들은 별도로 독립된 채에서 부모의 일상적인 감시와는 동떨어진 자신만의 세계를 누릴 수 있었다. 이런 면에서 보면 현재 부모세대는 공간의 수혜자다.

부모와 자식은 다른 공간에서 성장기를 보냈다. 프라이버시가 쉽게 지켜질 수 있는 공간과 그렇지 않은 공간에서. 부모는 자식의 불편함을 이해하지 못한다. 자신은 그런 불편을 겪어보지 않았기 때문이다.

공식적으로 인정되지 않지만 누구나 다 하는 그런 일들이 성장기에는 많다. 사춘기라면 더욱 그렇다. 그런데 공식적으로 인정되지 않기 때문에 몰래 할 수밖에 없는 다양한 활동을 끌어안을 공간이 뉴타운의 자식에게는 없다. 반면에 부모 세대는 그런 측면에서는 자식 세대보다 훨씬 더 행복한 시절을 보냈다. 이들은 그들 부모의 감시 밖에서 자신이 하고 싶은 일들, 하지만 공식적으로 인정되지 않기에 부모 몰래 할 수밖에 없었던 일들을 비교적 자유롭게 하고 살았다. 그런 그들이 자식들에게는 그런 자유를 허용하지 않는다. 아마도 그런 자유가 필요한 지도 잊어버렸는지 모른다. 이런 이유로 부모와 자식은 몸이 한 집에 있어도 다른 공간에 산다고 할 수 있다.

부모 중 특히 아버지의 입장에서 아파트가 불편한 것은 자기 공간이 없다는 것이다. 거실은 어머니와 자녀들의 공간이고 안방은 어머니의 공간이기 십상이다. 부엌조차도 어머니의 공간이고 식당도 어머니와 자녀들의 공간일 뿐이다. 아버지의 유일한 공간은 베란다다. 베란다 한쪽 구석에서야 자신의 모습을 살짝 가릴 수 있다. 그렇게 빈약한 공간만이 아버지의 몫이다.

아버지는 마을의 집에서 자신의 아버지의 공간을 생각한다. 그가 별채에서 자신만의 프라이버시를 향유하는 사이에 그는 문득 그의 아버지는 안채에서 자신만의 공간을 즐기고 있었을 것이라는 생각을 하게 된다. 거기에는 분명 아버지 자신만을 위한 공간이 있었던 것 같다. 이런 생각 끝에 아버지는 언젠가는 마을의 집으로 돌아가야만 할 것 같다는 생각에 붙들리게 된다.

어머니와 함께 거실을 차지한 자식은 아버지가 자신만의 영역을 찾지 못하고 있다는 사실을 꿈에도 생각지 못한다. 자식은 아파트 전체가 다 아버지의 공간이라는 생각을 막연하게 가지고 있을 뿐이다. 그러나 저러나 아버지와 자식이 같은 공간에 몸을 담고 다른 공간에 산다는 것이 분명해 보인다.

자신의 공간이 없다는 것은 실상 어머니의 경우에도 마찬가지다. 거실은 아버지와 자식의 공간이고, 안방의 주인이라면 아버지가 더 그렇다고 생각한다. 식탁 자리도 주인은 아버지와 자식일 뿐이다. 아버지와 자식이 출근하고 등교한 후에나 식탁 한 자리에서 주인이 된 느낌을 가져볼 뿐이다. 어머니도 아버지처럼 마을 집을 생각한다. 자신의 어머니가 번듯한 '안주인'이었던 시절을. 어머니의 이런 처지를 자식들이 알아줄 리 없다. 어머니는 어머니대로 자식과 같은 공간에 몸을 담고 다른 공간을 아쉬워한다.

마을과 뉴타운은 다른가?

마을과 뉴타운은 많이 다르다. 양 쪽 다 길이 있고 집이 있어서 기본적인 구조는 같아 보여도 그 속내를 들여다보면 매우 다르다. 마을의 길은 구불구불하고 사람이 다니는 길이지만 뉴타운의 길은 반듯반듯하고 차가 다니는 길이다. 마을 길에는 동네가 붙어 있지만 뉴타운의 길에는 아파트 단지가 붙어있다. 마을의 집과 뉴타운의 아파트가 다른 것은 굳이 다시 말할 필요도 없다.

진화한 마을, 만들어진 뉴타운

마을이든 뉴타운이든 사람이 살기 위한 곳인데 왜 이렇게도 다른 것일까? 마을은 자생적으로 진화한 것이고 뉴타운은 만들어진 것이기 때문이다. 마을을 만든 사람은 그곳에서 삶을 살아온 사람들이지만 뉴타운을 만든 것은 건축가들이다. 마을 사람들은 자신들이 살 공간을 만들지만 건축가들은 남들이 살 공간을 만들어 준다. 이것이 마을과 뉴타운을 달라지게 만든다.

마을을 건축한 사람들은 경험을 이용한다. 예전 사람들이 사용했던 마을 만드는 방법을 적용한다. 아주 간혹 자신이 처한 특수한 상황 때문에 약간의 변화나 새로운 것을 시도하기는 하지만 여전히 주요한 골격은 경험이 가르쳐 주는 것을 따른다. 이들이 가지는 경험은 대개는 공유하는 것이다. 마을은 공유하는 경험을 바탕으로 지어지고 지어진 결과물은 또 하나의 따라야 할 전례가 된다.

경험이 마냥 효율적인 것도 아니고 옳은 것도 아니다. 하지만 마을 사람들은 그들의 경험이 가르쳐 주는 것에 조금 의문이 들더라도 그대로 따른다. 부모도, 그 부모의 부모도 그렇게 살았으니 자신이 품는 의문 자체가 틀릴 수 있다고 여기기 때문이다. 마을에서 드러나는 비효율은 그저 작은 불편이고 따라야 할 관습이나 문화로 여겨진다.

뉴타운을 건축하는 건축가는 근대적 도구, 이성을 사용한다. 인간이 어떻게 사는 것이 마땅한 지 과거의 경험이 가르쳐줄 수 있다고 믿지 않는다. 이성적으로 생각해서 인간은 이렇게 혹은 저렇게 살아야 한다고 판단한다. 과거 마을을 만드는 방법에는 없던 것들이 이렇게 해서 생겨난다. 합리적 이성을 통해서. 현대의 건축가들은 합리적 이성을 통해서 구축해 놓은 마을 만들기 방법을 이용해 뉴타운을 건설한다.

건축가들이 예전 마을 만들기에 없던 방법만을 이용해서 뉴타운을 건설하는 것은 아니다. 예전에 사용했던 마을 만들기 방법을 이용하기도 한다. 하지만 거기에는 무지막지한 걸러내기가 작동한다. 건축가들은 과거에 사용했던 마을 만들기 방법 중에서 합리적이라고 평가할 수 있는 것만을 골라서 사용한다. 여기서 합리적이라는 것은 주로 시간과 공간을 초월해서 항상 옳은 답인 것을 의미한다. 이 합리성의 기준을 통과하지 못한 마을 만들기 방법은 전근대적인 것으로 치부되고 폐기된다.

건축가들이 예전의 마을 만들기 방법에서 재사용 가능한 것을 추려 낼 때의 또 하나의 특징은 좋고 나쁘고, 옳고 그르고를 정량화하여 객관적으로 판단할 수 있는 기준만을 사용했다는 점이다. 예전의 마을 만들기에 장점이 있어 보여도 그것을 정량화해서 제시할 수 없다면 아주 기꺼이 포기하는 태도를 견고하게 유지했다.

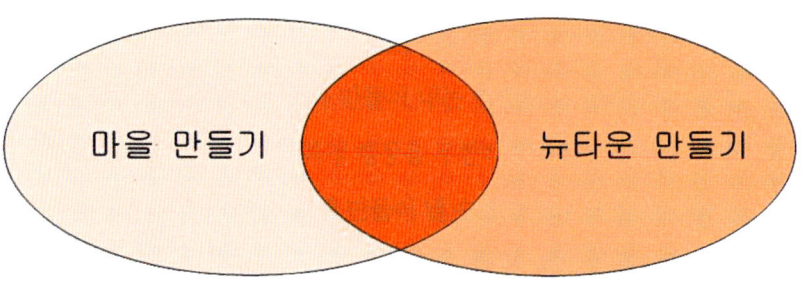

마을 만들기와 뉴타운 만들기

얘기를 요약해 보자. 건축가들이 뉴타운을 만들 때 사용한 방법은 크게 보면 두 가지다. 하나는 합리적 이성을 작동시켜서 새롭게 알아낸 방법들이고 또 하나는 예전의 마을 만들기에서 빌려 온 것이다. 물론 빌려 올 때 예전의 방법 전체를 빌려 오지는 않는다. 합리성이라는 그리고 정량화라는 틀에 맞는 방법만을 추려 왔을 뿐이다. 그 이외의 방법들은 전근대적인 것이 되고 비합리적인 것이 된다. 근대적이고 합리적이라 해도 정량화할 수 없다는 한계에 부딪히면 그 또한 폐기되고 만다.

지금까지 얘기한 것을 몇 가지 사례를 들어서 짚어보자. 우선 예전의 마을 만들기에는 없던 방법이라고 할 수 있는 것은 현대적 운송수단의 사용이다. 철도와 자동차의 사용은 거리의 한계를 극복하고 마을의 크기를 무한대로 늘릴 수 있는 계기를 마련해 주었다. 건축물 내부에서도 운송수단이 적극적으로 활용된다. 엘리베이터와 에스컬레이터, 그리고 무빙 워크가 그것이다. 엘리베이터와 에스컬레이터의 도입은 건물이 고층화되는 것을 가능하게 했으며 무빙워크의 사용은 건물이 평면적으로 확장할 수 있는 기회를 제공한다.

예전의 마을 만들기에서 사용하던 방법 중에서 근대 건축가들의 시험에 합격해서 여전히 사용되고 있는 방법들로는 공적 영역과 사적 영역을 분리하는 조닝(zoning) 기법이다. 마을 중심부에는 공공이 사용하는 공간을 배치하고 그것에 사적 영역을 달아매는 기법은 예전 마을 만들기에서 사용되었던 기법이며 현대 건축가들도 사용한다. 차이가 있다면 예전 마을 만들던 사람들은 그런 방법을 지칭하는 용어를 가지고 있지 않았다는 것이다. 건축가는 그런 방법에 조닝이라는 그럴싸한 이름을 붙여서 사용한다.

조닝이 건축가들에게 잘 알려진 것은 꼬르비제의 빛나는 도시 이후 이런 계획기법이 성공적으로 적용되어 현대의 뉴욕 맨해튼의 모습이 갖추어지기 시작한 이후다. 그러다 보니 조닝이라 하면 매우 현대적인 계획기법이라고 생각하기 쉽지만, 실상 조닝은 예전의 마을

꼬르비제의 빛나는 도시

맨해튼 도시계획(조닝)

만들기에서도 늘 사용되던 방법이다.

조닝은 건축 설계에서도 많이 찾아 볼 수 있다. 비슷한 기능끼리 묶고 다른 기능은 멀리 띄워두며 필요한 경우 동선의 효율을 높여주는 건축설계 기법은 마을 만들기 시대에도 존재했다. 전통 한옥을 생각해보자. 부인과 자녀들이 하나의 기능군이 되고 남편을 중심으로 하는 기능군 그리고 노비들을 중심으로 하는 기능군으로 각각 묶여진다. 이들 공간은 안채, 사랑채, 그리고 행랑채로 발전한다. 안채와 사랑채의 구분을 명확하게 하면서도 긴밀한 연결이 필요하다 싶으면 다른 이들에게는 잘 눈에 띄지 않는 통로를 안채와 사랑채 사이에 설치해서 동선의 효율을 도모한다.

마을 만들기 방법이나 현대의 건축 설계 방법이나 매 한가지다. 다만 차이가 있다면 현대 건축가들은 이런 방법에 그럴싸한 이름을 붙였다는 것뿐이다.

마을 만들기 방법과 현대 건축가들이 사용하는 방법 간에 가장 큰 차이점은 현대 건축가들이 예전의 마을 만들기 방법 중에서 선택하지 않은 부분으로 인해 생겨난다. 합리성과 정량화라는 기준을 통과하지 못하고 걸러진 기법 중 하나가 바로 풍수지리다.

풍수지리란 글자 그대로의 뜻만 보자면 매우 합리적이다. 바람과 물의 이점을 최대한 활용하자는 얘기니 말이다. 여기까지는 비합리적이라고 매도할 이유가 없다. 하지만 풍수의 이점을 이용하는 세세한 방법 차원에서 보자면 현대적 감각으로는 미신이라고 볼 수밖에 없는 내용들이 많다. 산세가 봉황이 알을 품고 있는 형국이라 위대한 인물이 태어날 장소라는 식이기 때문이다. 이런 주장은 합리적이지도 못하고 정량화된 판단 기준을 가지지도 못한다. 그러니 당연히 버려진다.

현대 건축가가 예전의 방법들을 선별하는 과정에서 위와 같은 예는 문제가 없어 보인다. 문제는 합리적인 것과 비합리적인 것 사이에 존재하는 매우 모호한 방법들도 성급하게 버려졌다는 것이다. 집안의 기운을 빼앗아 갈 수 있으니 집 안 마당에는 잎이 넓은 나무를 심지 말라와 같은 것들이다. 일견 비합리적인 것처럼 보인다. 그런데 잘 생각해보면 입이 넓은 나무를 심으면 그늘이 생기고 그로 인해 집 안이 어두워질 수 있음을 경계한 방법론이다. 이런 방법론들조차도 표면적인 불합리성을 이유로 내쳐졌다. 예전 마을 만들기 방법 중 아주 좋은 방법들을 너무나 조심성 없이 내다버린 셈이다.

현대 건축가들이 예전의 마을 만들기 기법을 취사선택할 때 사용한 기준 중 하나가 '형평성'이다. 현대 계획기법의 제 1원칙은 자의든 타의든 계획 대상 지역이 골고루 혜택을 보아야 한다는 것이다. 아무리 좋은 방법도 어느 한 부분에만 혜택이 집중된다면 채택하기 힘들다. 전체적인 혜택의 양이 커진다 해도 그것이 일부에 집중되고 상대적으로 다른 일부가 혜택을 덜 받게 되면 차라리 그 방법을 포기하는 경우가 많다.

마을 만들기에는 많이 사용되었지만 현대에는 거의 사용되지 않는 나뭇가지형 도로체계가 그렇다. 신도시나 아파트 단지 내부 도로망을 나뭇가지형으로 설계할 때 얻게 되는 장점들은 많다. 나뭇가지형을 사용하면 공적 영역에서 사적 영역으로의 변화를 완만하게 해서 단위 주호의 프라이버시를 필요한 수준으로 제고할 수 있다. 또 한편 주거지의 안전성을 높여주는 효과적인 수단으로 사용될 수도 있다. 그런데 문제는 나뭇가지형을 사용하면 세부 지역별로 접근성에 큰 차이가 발생한다는 것이다. 나뭇가지의 밑동으로 갈수록 접근성이 우수해지고 가지 끝으로 갈수록 접근성은 나빠지게 된다. 이런 경우 누구에게 밑동 쪽을 주고 누구에게 가지 쪽을 줄 것이냐

나뭇가지형 마을

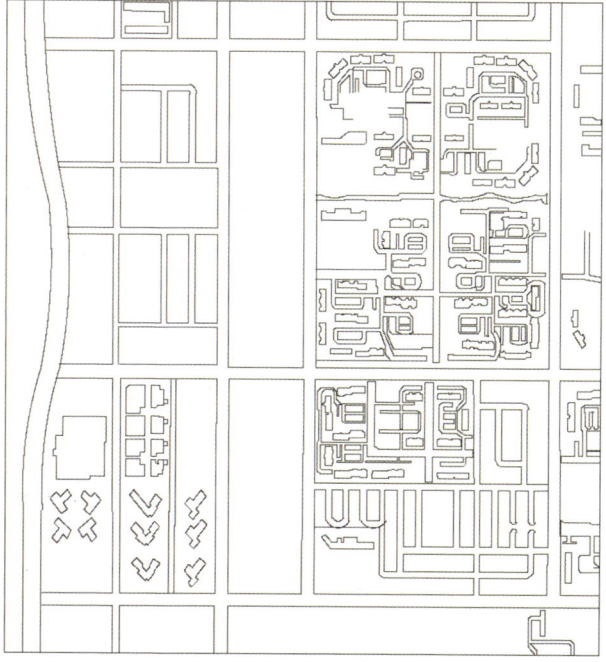

격자형 뉴타운

하는 문제가 발생한다. 현대 건축가들은 기교를 발휘해야 할 분배의 문제에 부딪히게 되면 그런 방법 자체를 포기해 버리고 만다. 그리고 나뭇가지형 대신에 격자형 도로망을 채택한다. 격자형 도로망은 동일한 접근성을 쉽게 보장해주기 때문이다.

마을과 뉴타운이 달라지는 것은 만드는 방법이 달라졌기 때문이다. 과거의 방법 중에서 합리성과 정량화의 체를 통과하지 못한 것은 버리고, 이성을 이용한 합리적 방법으로 새롭게 고안된 것을 적용하는 과정에서 뉴타운과 마을은 달라지게 된 것이다.

건축가의 반성

근대의 기반을 이룬 이성에 바탕을 둔 근대적 합리성의 기세는 그리 오래 가지 못했다. 합리적 이성의 작동으로 발견해 낸 지식들이 시간과 공간을 초월하지 못한다는 증거가 속속 드러났다. 일견 시공을 초월해서 절대적으로 작동 가능할 것 같았던 이성적 지식에 시간과 공간에 한계가 있음을 인정하지 않을 수 없게 된 것이다. 이렇게 탈근대의 문이 열렸다. 합리적 이성의 작동 방법으로 인정되던 귀납적 방법에 의해 도출된 지식들은 모두 반대되는 증거가 나타나기 이전까지만 한시적으로 유효한 것으로 인정되면서 한 걸음 물러서게 되었다.

이런 경향은 건축에서도 동일하게 나타났다. 예전 마을 만들기에서 추려온 방법과 별도로 스스로가 고안해 낸 지식들의 유효성에 대해서 한계를 두기 시작했다. 또한 버려진 방법들 중에도 효용성 있는 기법이 있을 수 있다는 반성이 일기 시작했다. 건축에서 나타난 이런 변화는 비단 철학 분야에서 나타난 각성에 의해 영향을 받았기 때문만은 아니었다. 건축 내부에서도 끔찍한 실패와 혹독한 좌절을 겪었기 때문이다.

1972년 3월 16일 오후 3시 프루이트 이고(Pruittt Igoe)가 파괴된다. 근대적 건축 방법론에 의해 축복을 받으며 태어난 건물을 건축가 스스로 파괴하는 일이 벌어진 것이다. 미국 미주리주 세인트루이스 시는 효율적인 주거를 제공하기 위하여 근대적 건축계획 기법을 적용하여 아파트를 중심으로 한 신도시

프루이트 이고 파괴 장면

를 건설했다. 이 도시를 통해서 충분한 지불 능력이 없는 저소득계층의 주거 문제를 양적인 측면에서 해결할 수 있었다. 또한 이곳에 적용된 근대적 계획기법은 주거의 질적인 부분을 제고할 수 있으리라고 생각했다. 건축가들은 모두 프루이트 이고가 예전의 마을이 가지고 있는 장점은 살리고 단점은 제거한 완벽한 현대적 주거공간이라고 믿어 의심치 않았다.

하지만 프루이트 이고가 완성된 지 얼마 지나지 않아 건축가들은 전혀 예상하지 못한 문제가 발생하고 있다는 것을 알게 된다. 프루이트 이고가 편리하고 쾌적한 주거공간이 아니라 범죄의 온상이 되고 있음을 발견하게 된 것이다. 프루이트 이고 곳곳에서 범죄가 끊이지 않고 발생했고 범죄가 늘어날수록 그곳을 떠나는 사람 수도 늘어났다. 프루이트 이고는 점점 사람이 살지 않는 폐허로 변해 갔다. 버려지는 집의 수가 늘어나는 만큼 범죄 건 수도 증가했고 급기야 주거 단지로서의 역할을 할 수 없다는 판단에까지 이르렀고, 결국 시 당국은 프루이트 이고를 철거하기로 극단적인 결정을 내리게 된다. 프루이트 이고의 철거는 근대적 계획기법의 실패를 웅변하는 증거로 여겨진다. 프루이트 이고에서의 실패는 단순히 하나의 주거 단지의 실패가 아니라 현대 건축가들이 믿어 의심치 않던 현대적 계획기법의 실패가 된 셈이다.

건축가들은 자신들이 새롭게 고안해 낸 방법론을 의심하게 되었다. 한편으로는 자신들이 버리고 온 과거 마을 만들기의 기법들이 가지는 의미를 다시 한 번 천착해보지 않을 수가 없었다. 건축가들은 자신들이 스스로 버리고 떠나왔던 마을을 다시 찾게 된 것이다.

다시 찾아간 마을에서 건축가들은 잊었던 기법들을 다시 찾아내서 거기에 '토속주의 건축', '지역주의 건축' 등과 같은 이름을 붙였다. 그 이름 덕에 건축가들은 잊었던 보물을 찾아내기 좀 쉬워진 측면도 있다.

마을에서 건축가가 새롭게 발견하는 보물은 위기에 빠진 건축가들만을 위한 것이 아니다. 그것들은 부모와 자식의 갈등을 풀어줄 실마리이기도 하다. 마을로 간다면 자식은 뉴타운에 어울리지 않는 부모의 행동들이 딱 들어맞는 공간구조를 발견할 것이다. 그리고 마을에 어울리지 않는 자신의 행동이 오히려 새삼스러운 것임을 알아차릴 것이다. 그들은 부모와 자식의 가치관 차이는 순전하게 사람의 문제만이 아니었음을 깨닫게 될 것이고, 그들의 갈등이 공간구조의 문제이기도 하다는 것을 알게 될 것이다.

부모의 유년 기행

부모가 이해가 안 된다면, 그러나 부모를 이해하고 화해하기를 원한다면 그들을 이해할 수 있는 효과적인 방법이 있다. 부모의 유년을 찾아서 여행을 떠나 보는 것이다. 부모는 그들이 보낸 유년 시절의 결과물이다. 그리고 그 유년시절을 채우고 있는 것은 마을과 마을의 집이다. 이해하기 힘든 일본인을 그의 주택을 방문함으로써 조금이나마 이해할 수 있었던 우연한 기적은 부모의 마을을 찾아가 보는 것으로 부모와 자식 간에도 일어날 수 있을 것이다.

5. 건축과 도시를 보는 눈에 대해서

마을을 방문하기 전에

이 책에서는 부모가 살던 마을과 자식이 사는 뉴타운을 비교한다. 다시 말해 자식의 뉴타운에는 없거나 다른 모양으로 존재하는 부모 마을의 건축물과 도시에 대한 이야기다. 자식이 사는 뉴타운과는 다른 공간구조를 살펴보는 것은 부모가 보여주는 그들만의 독특한 삶의 방식과 사고방식을 이해하는 데 도움이 될 것이다.

그리고 부모의 마을에서 발견되는 특별한 공간이 어떤 의도적 선택과 결정의 과정을 거쳐 형성되었는지를 살펴볼 것이다. 또 다양한 선택의 가능성 중에서 특정한 공간구조를 선택하게 된 당시의 사회적 합의를 들추어냄으로써 부모의 사고방식의 근저를 형성하고 있는 삶의 방식이나 가치관 혹은 사고방식을 살펴볼 수 있을 것이다.

특정하게 선택된 공간구조에서 그 공간이 요구하는 행동을 반복하는 동안 부모는 알게 모르게 그 공간이 지지하는 사회적 합의를 받아들이고 그것에 순응하며 또한 길들여지게 되었다. 이렇게 부모의 특유한 행동만 보아서는 이해할 수 없는 태도들이 부모가 살아온 마을을 들여다봄으로써 이해될 수 있는 계기가 마련될 것이다.

이해의 틀

이 책에서 거론되는 건축물과 도시의 기능은 매우 다양하다. 하지만 그렇다고 해서 그들 각자의 공간구조가 유별나게 다른 것은 아니다. 그들은 겉보기에는 다르지만 동일한 구조적 틀을 가지고 있다. 이제부터 그 틀에 대해서 알아보려 한다. 부모의 마을에서 발견되는 특별한 공간구조에 공통되는 구조적 틀을 보는 눈을 갖추고 시작하는 것이 이해의 편의와 깊이를 위해서 효과적일 것이다.

공간구조 틀로서의 영역만들기와 통로 만들기

모든 공간구조물은 두 가지 기본적인 구조를 가진다. 하나는 영역이고 다른 하나는 통로다. 공간구조물은 영역을 만들어서 오랫동안 머무르게 하고 그 영역들을 통로로 이어 붙여 영역 간에 일시적인 이동이 발생하게 하는 구조를 가진다. 이러한 구조는 건축 차원뿐만 아니라 도시 차원에서도 동일하게 적용된다.

영역을 어떻게 만드느냐는 영역 안에서 일어나는 사람의 행위를 결정한다. 영역의 구성 방법에 따라 영역 내의 사람을 서서 움직이게 하거나 선 채로 움직이지 않게 할 수도 있다. 단순히 앉아 있게 할 수도 있는 것은 물론이려니와 앉은 상태에서 특정한 행동을 하게 만들 수도 있다. 또한 누운 상태에서 다양한 행동을 하도록 유도할 수도 있다.

영역 내에서 수면을 취할 수 있을 정도로 안정감이 들게 만들 수도 있고, 반대로 약간 불안하게 만들어서 외부적 상황의 변화에 민감하게 만들 수도 있다. 공용버스 터미널의 대합실 같은 공간을 생각해보자. 그곳에 침실과 같은 과도한 안정감을 부여 하는 것은 적절치 않다. 버스를 기다리는 동안 앉아서 쉴 수 있는 공간은 제공하되 너무 편하게 만들어 눕고 싶도록 놔두지는 말아야 한다. 적절한 정도의 편안함과 안정감을 확보해 주는 게 더 낫다. 이 모든 것이 영역을 어떻게 만들 것인가에 달려 있다.

영역의 경계 만들기

영역 만들기는 크게 두 가지를 요구한다. 하나는 영역의 경계를 만드는 것이고, 다른 하나는 영역의 내용물을 만드는 것이다. 공용버스 터미널 대합실에서 휴게실을 구획하는 것은 영역의 경계를 만드는 일이다. 천장의 높낮이와 창문의 배치를 이용해서 사람들로 하여금 서 있거나 앉아 있거나 혹은 눕게 만드는 것은 영역의 내용물을 만드는 일이다.

이 둘 중에서 먼저 영역의 경계를 만드는 방법에 대해서 알아보자. 영역의 경계는 울타리를 둘러쳐서 만든다. 아주 간단한 일인 것처럼 보인다. 하지만 그렇게 간단하기만 한 것은 아니다. 울타리에도 여러 종류가 있기 때문이다. 울타리의 다양성을 결정하는 것 중에서 가장 일차적인 것은 울타리의 높이다. 울타리는 높을 수도 낮을 수도 있다. 높거나 낮은 수준에는 너무나 다양한 종류가 있을 것 같지만 그렇지 않다. 일단 울타리의 높이가 높아서 시선을 가리거나 이동을 저지할 수 있는 높이 이상은 모두 동일하다. 울타리가 그보다 낮으면 시선은 통과할 수 있으나 건너갈 수는 없는 높이가 나타난다. 이것이 높이의 두 번째 종류가 된다. 이 높이가 조금 더 낮아지면 시선이 통과할 수 있는 것은 물론 쉽사리 건너다닐 수 있는 높이가 된다. 이런 경우 울타리로서는 실질적인 역할을 하지 못하는 것처럼 보일 수도 있다. 이렇듯 높이는 상징적 차원에서 사람의 움직임을 통제한다.

경계를 형성하는 울타리의 특성을 가장 크게 좌우하는 것은 울타리의 높이이지만 그것 못지않게 큰 영향을 주는 게 있다. 울타리의 개방성 정도다. 시선이 통과하지 못하는 불투명한 재료를 사용할 수도 있고 반대로 투명한 재료를 사용할 수도 있다. 전자의 대표적인 사례는 벽돌이 될 것이고 후자로는 유리가 있다. 그런데 울타리의 개방성 정도를 결정하는 것은 재료의 투명도 뿐만은 아니다. 불투명한 재료라도 창살처럼 엮어 놓으면 개방성이 확보된다. 극단적인 예로 경계에 몇 개의 기둥을 듬성듬성 박아 놓을 수도 있다. 이런 울타리는 사람의 이동을 실질적으로 통제할 수는 없지만 시각적 개방성과 함께 상징적 차원에서는 훌륭하게 작동한다.

울타리의 높이와 개방성 정도를 조정하는 것으로 영역의 경계는 완성된다. 그런데 이런 경계가 중복되거나 중첩되는 경우가 생긴다. 좀 더 정확하게 표현하자면 울타리를 몇 개의 겹으로 중복해서 둘러치거나 울타리로 둘러싸이는 영역의 일부가 중첩되게 만들 수 있다. 중복되거나 중첩된 경계를 가지는 영역은 그렇지 않은 영역에 비해 특별한 의미를 가지고 또한 특별한 방식으로 사람의 움직임을 통제할 수 있다.

울타리를 중복해서 얻을 수 있는 가장 직접적인 효과는 영역의 안전성을 높일 수 있다는 것이다. 하나의 울타리보다는 두 개의 울타리가, 두 개의 울타리보다는 세 개의 울타리가 그 영역에 들어 있는 사람에게 더 큰 안전감을 준다. 왕궁을 보면 알 수 있다. 구중궁궐이라는 표현에서도 알 수 있듯이 울타리의 수가 많을수록 안전감이

중국의 도성(자금성)

더 해진다. 일반적인 기준보다 더 큰 안전감을 확보할 수 있다는 것은 흔히 권력과 권위로 이어지기도 한다. 울타리의 수가 많을수록 더 큰 권력을 의미한다. 조선의 왕은 3개의 문을 거쳐야만 도달할 수 있는 깊이에 들어가 있다. 중국의 황제는 5개의 문을 통과해야만 한다. 중복된 울타리의 개수는 영역감에 큰 차이를 만들어 낸다.

영역을 중첩(오버랩)시키는 것도 영역감에 큰 차이를 불러 올 수 있다. 동시에 두 영역에 포함되는 영역은 양면성을 갖는다.

전통 한옥의 중문간을 살펴보자. 하나의 판문이 아닌 하나의 실(방)을 문으로 사용하고 있는 중문간은 하나의 영역을 형성하는데, 이 영역은 안채 영역에 속하기도 하고 동시에 사랑채 영역에 속하기도 한다. 중문간은 안채와 사랑채 중간에서 두 개의 공간을 분리하기도 하고 동시에 연결하기도 하는 묘한 기능을 수행한다.

중문간

두 개의 영역이 바닥에서는 패턴으로, 천장에서는 덮개 공간으로 구분되어 있다고 하자. 그리고 바닥 패턴과 천장 덮개의 위치가 일치하지 않고 조금 어긋나 있다고 생각해 보자.

그 두 영역 사이에 있는 일부 공간은 양 쪽에 속하게 된다. 바닥으로 보자면 이쪽으로, 상부 천장 공간으로 보자면 저쪽으로 속해 있는 셈이다. 이런 중간 영역은 영역 구분이 확실한 공간과는 다른 느낌을 만들어 낸다.

이런 묘한 느낌을 의도적으로 그리고 적극적으로 사용하고 있는 건축이 서양의 바로크 건축이다. 바닥 패턴과 상부 천장 공간의 영역

바로크 건축의 공간 관입

구분을 서로 다르게 함으로써 양 쪽 영역에 동시에 속하는 일부 영역을 만든다. 이런 기법은 한쪽 공간이 다른 쪽 공간으로 관입, 즉 미끄러져 들어가는 느낌을 창출하고자 할 때 자주 사용된다.

영역에 울타리를 칠 때 눈에 띄는 차이를 만들어 내는 것은 바닥의 형상이다. 바닥이 정사각형인지 직사각형인지 혹은 곡선을 사용한

원형이나 타원인지에 따라 공간의 느낌에 큰 차이가 발생한다. 'ㄱ' 자 형이나 '十' 형도 있을 수 있겠지만 그런 것들은 직사각형의 특별한 조합이라고 생각하면 된다.

서양 교회의 바닥 구성에는 십자가 형태가 사용된다. 그런데 십자가를 구성하는 두 방향 중에서 한 방향이 다른 방향에 비해 더 긴 십자가가 있고 두 개의 축선의 길이가 같은 십자가도 있다. 전자를

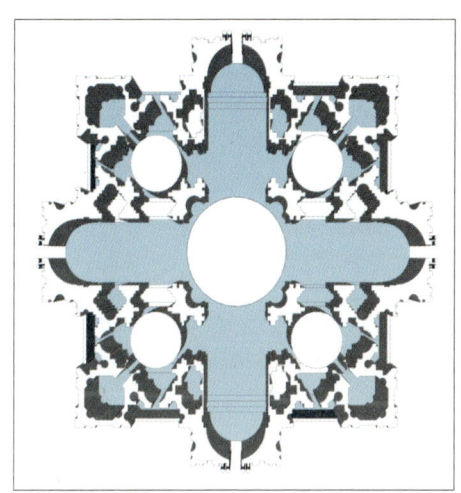
그릭 크로스

라틴 크로스

라틴 크로스라고 부르고 후자를 그릭 크로스라고 부른다. 전자는 주로 서로마 지역의 교회에서 주로 사용되었고 후자는 동로마 지역의 교회에서 주로 사용되었다. 라틴 크로스는 긴 축선의 끝에 놓인 제단의 권위를 강조하는 느낌을 주기에 효과적이다. 반면에 그릭 크로스는 실내의 중앙부라는 느낌을 강조하기에 적합하다.

영역의 내부 만들기

영역의 경계를 만들고 난 다음 할 일은 내부를 만드는 일이다. 영역 내부를 만드는 일은 주로 벽과 천장을 조작해서 이루어진다. 천장은 높이와 형상을 조작할 수 있다. 천장 조작에서 형상은 평천장이냐 도움이나 볼트 같은 곡면 천장을 사용하느냐 혹은 경사천장을 사용하느냐에 따라서 공간의 질에 확연한 변화를 줄 수 있다.

벽을 조작할 때 많이 쓰이는 기법은 벽의 두께를 이용해서 벽감을 만드는 것이다. 벽감의 조작을 통해서 내부 공간을 확장하거나 방향성을 갖게 할 수 있다. 이렇게 벽감을 이용해서 공간에 방향성을 만든 사례는 고딕 성당에서 쉽게 찾아 볼 수 있다. 진입방향의 연장선상에 벽감을 설치하면서 내부 공간이 깊이 방향으로 확장되게 할 수 있다. 이러한 확장감은 그곳에 신상을 모심으로써 더욱 강조된다.

영역의 내부를 만들기 위해 벽과 천장을 조작할 때 공통적으로 잘 활용할 수 있는 것이 창이다. 창의 위치와 크기 그리고 개수 등을 이용하면 원하는 공간감을 창출할 수 있게 된다. 편안한 마음으로 외부를 조망하고자 한다면 큰 창을 경치 좋은 쪽으로 내어 앉아서 밖을 내다 볼 수 있는 위치에 설치하면 된다. 공간에 신비감이 필요하다면 고측창이나 천창을 사용하면 효과적이다. 천창으로부터 쏟아져 들어오는 빛줄기는 신비감을 자아낸다. 이럴 때는 낮은 쪽에는 창을 설치하지 않아서 밖을 내다보지 못하게 만드는 것이 더 효과적이다. 가장 훌륭한 사례로 꼽을 수 있는 것은 로마 판테온이다.

평천장

경사천장

도움 천장

볼트 천장

천장에 위치한 천창을 통해 쏟아져 들어오는 빛이 드넓은 내부 공간의 유일한 조명이다. 이렇게 들이치는 빛은 공간의 볼륨감을 강화하고 하늘로부터 수직으로 내리치는 빛에는 영적인 능력이 스며들어 있는 듯 보이게 한다.

유서 깊은 관광지의 유명 건축물만 이런 기법을 사용하는 것이 아니다. 부모의 마을에서 발견되는 특정 장소에서도 위에서 설명한 기법들이 교묘하게 활용되고 있다. 부모의 마을에서 마주치는 특별한 공간이 있

성당 내부 벽감
로마 판테온

다면 위에서 설명한 방법으로 분석적으로 관찰해 보는 것도 좋을 것이다. 무심코 지나칠 수 있는 부분들도 눈여겨보도록 해줄 것이며 그러한 공간을 채택하게 한 최초의 사회적 합의가 무엇인지를 파악하는 데 도움이 된다.

통로 만들기

영역을 만들고 난 다음 할 일은 통로를 만들어서 필요한 영역들을 이어 붙이는 작업이다. 통로를 어떻게 만드느냐에 따라 영역의 원래 성격이 강화될 수도 있고 반대로 영역의 원래 목적이 손상될 수도 있다.

두 개의 영역 중 한쪽이 다른 쪽에 비해 더 중요하고 격이 높은 공간이라면 그런 성격을 강화할 수 있는 통로를 고안해야 한다. 이 경우 좋은 통로가 되려면 우선 길이가 좀 있어야 한다. 덜 중요한 공간에서 더 중요한 공간으로 바로 들어가지 않고 어느 정도 시간이 걸리도록 만드는 것이다. 도달하는데 걸리는 시간의 차이가 두 영역 사이의 우열의 차이를 느끼게 만들 수 있기 때문이다. 서양 고딕 성당이 좋은 예를 보여준다. 외부에서 바로 예배 공간과 제단으로 접근할 수 있었던 초기의 성당 앞에 중정이 부가되면서 외부에서 제단까지의 길이가 점점 더 길어진다.

두 영역 사이의 서열을 강조하기 위해서 통로의 방향을 이용할 수도 있다. 지역마다 약간의 차이가 있을 수 있지만 대개는 남쪽에서 북쪽 방향으로 이동하면서 영역의 서열이 높아진다. 통로 구성에서

중정이 있는 고딕 성당

방향이 고려되어야 하는 것은 평면상에서의 방향만이 아니다. 수직 단면상에서도 방향이 개입될 수 있다. 두 개의 공간 관계에서 하나를 다른 하나에 비해 서열을 높게 만들고자 한다면 그 공간을 높은 곳에 두면 된다.

거리와 방향과 함께 특정 공간의 위계를 강화하기 위해서 사용할 수 있는 것으로 시지각이 있다. 서열이 낮은 공간에서 높은 공간을 바로 바라볼 수 있게 하는 것보다는 어느 정도 시지각을 제한하는 것이 효과적이다. 서열이 낮은 공간에서 높은 공간으로 접근하는 통로에 방향 변화를 주어서 일단 시선을 차단하는 것이 효과적이다. 하지만 일직선으로 구성되는 축선을 강조하고자 한다면 평면상의 방향 변화가 아닌 수직 단면 상의 방향 변화, 즉 높이 차이를 조정해서 시지각을 제한할 수 있다.

통로는 두 개의 공간을 연결하는 길로써 작용하지만 통로 자체로서 영역을 형성할 수도 있다. 두 공간 사이를 연결할 때 거리를 늘려서 공간 사이의 위계에 현격한 차이를 둘 수도 있지만 이런 방법이 항상 효과적인 것만은 아니다. 부지 조건에 의한 제약으로 필요한 거리를 확보하는 것이 불가능할 수도 있다. 또한 부지가 허락한다고 해도 무작정 공간 사이의 거리를 늘리다 보면 다른 부작용이 따르게 된다. 접근성이 너무 떨어지는 경우가 바로 그 부작용 중 하나로, 이는 위계가 높은 공간이 낮은 공간을 실질적으로 통제하는 효과가 미약해진다는 것을 의미하기도 한다. 너무 먼 거리는 상대적으로 위계가 높은 공간의 권위를 깎아 먹는 방향으로 작용할 수도 있다. 이럴 때는 통로를 하나의 영역으로 만드는 것이다. 통로가 단순히 통과해서 지나가는 기능뿐만 아니라 그곳에서 일정한 이벤트가 일어나도록 하는 것이다. 두 공간 사이에 몇 가지 이벤트가 일어날 수 있는 통로를 적절하게 배치하면 위계가 높은 공간이 낮은 공간을 통제할 가능성은 유지되면서 이 두 개 공간 사이의 거리는 충분히 멀어질 수 있다.

통로가 가지는 네 가지 성질이 어떻게 사용되는지 사례를 이용해서 살펴보자. 조선의 법궁의 지위를 오랫동안 유지한 경복궁을 살펴보자. 경복궁은 법궁인 까닭에 가장 중요한 덕목은 바로 왕의 권위를 높이는 일이다. 그 이외의 기능은 일단 부수적이다. 왕이 군림하는 근정전을 가장 권위 있는 공간으로 만들어야 한다. 경복궁 설계의 목표는 광화문 밖 외부공간과 근정전을 관계 맺어 줄 때 근정전의 위계를 최대한 높이는 일이다.

우선 가장 필요한 일은 이 두 공간을 연결하는 통로를 만드는 것이다. 통로를 어떻게 만드느냐에 따라서 근정전의 위계가 결정된다. 광화문 밖 외부공간과 근정전은 3개의 문을 통과해서 도달할 수 있는 거리로 멀찍이 떼어 놓는다. 통로의 성질 중에서 거리를 이용한 것이다. 그다음 근정전의 위치는 광화문 밖 외부공간에서 볼 때 정북 방향에 맞춘다. 그리고 근정전까지 도달하는 3개의 마당의 높이를 점차 높일 뿐 아니라 근정전을 몇 개의 단 위에 올려놓음으로써 수직 단면상에서 방향성을 강조한다. 통로의 성질 중에서 방향을 이용한 것이다.

한편 근정전의 권위를 강조하기 위해 주축선을 일직선으로 만들면서도 시지각을 제한하기 위해 3개의 문과 근정전 기단이 활용되고 있다. 광화문에서부터 시작하는 신하들의 접근로에서의 시지각은 그 사이를 채우고 있는 3개의 문루에 의해 가려지고 마지막 근정전 앞마당에 들어선 후에도 근정전의 기단이 근정전을 바로 쳐다볼 수 없게 만들고 있다. 통로의 성질 중 3번째인 시지각을 이용한 것이다.

통로의 4번째 성질, 즉 이벤트를 통한 영역화 또한 명백하게 나타난다. 광화문에서부터 근정전에 도달하는 사이에 3개의 마당을 설치하고 각각의 마당에서 특별한 이벤트가 일어나도록 의전을 꾸민다. 이로 인해서 광화문으로부터 근정전까지 도달하는 거리는 근정전의 상징적 통제력이 약화되지 않으면서 광화문으로부터의 손쉬운 접근을 허락하지 않을 수 있는 거리로 연장된다.

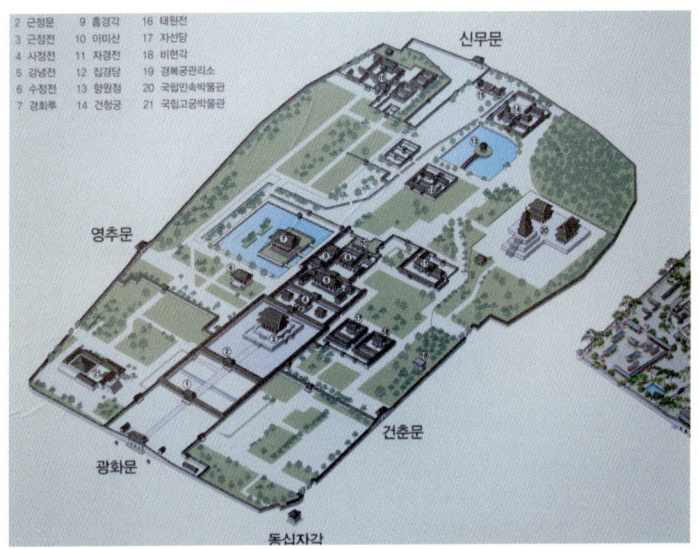

광화문에서 근정전에 도달하기까지

거리와 방향, 시지각 그리고 이벤트가 일어날 수 있는 영역화라는 통로의 네 가지 성질을 적절하게 조합해서 사용하면 두 개의 영역을 필요에 맞게 연결하는 것이 가능해진다.

영역 만들기의 경우와 마찬가지로 이 네 가지 성질을 활용하는 기법 또한 유명한 건축물에만 적용되는 것이 아니다. 이 기법은 부모의 마을에서 발견되는 공간에서도 당연히 적용된다. 이런 기법의 조합으로 마을의 공간 구조를 뜯어본다면 유의미한 것을 빠뜨리지 않고 볼 수 있을 것이다. 또한 통로 구성의 이유를 알아챌 수 있게 해 줄 것이다.

제2부
부모의 유년 기행

c o n t e n t s

1. 기차역 vs. 아파트 주차장

2. 오일장 vs. 마트

3. 극장 vs. 멀티플렉스

4. 셋방 vs. 다가구주택

5. 나뭇가지형 길 vs. 격자형 도로

6. 조양문 vs. 조양문

7. 공터 vs. 데드 스페이스

8. 가족탕 vs. 찜질방

9. 집성촌 vs. 부자촌

10. 금지된 공간 vs. 금지된 욕망

11. 귀신과 함께 사는 집 vs. 세콤과 함께 사는 집

12. 아버지 같은 아버지 vs. 친구 같은 아버지

1. 기차역 vs. 아파트 주차장

도시의 출입구 vs. 주택의 출입구

부모의 마을에는 기차역이 있다. 자식의 뉴타운에는 아파트 주차장이 있다. 뉴타운에 기차역이 아주 없는 것은 아니다. 하지만 그 외관이나 이용 방식이 부모의 마을에 있는 기차역과는 많이 다르다.

기차역은 부모의 마을이 있는 도시로 들어가는 입구이다. 부모의 유년시절 사람들은 대부분 기차역을 통해 타지 나들이를 했다. 그 시절에는 자가용은 고사하고 시외버스조차 변변한 것이 드물었다. 시외버스는 기차를 타고 난 다음 필요하면 한 번쯤 갈아타는 기차의 보조 수단에 불과했다. 그러다 보니 거의 모든 사람들이 다른 도시를 가려면 기차를 타기 위해 기차역으로 모여들어야 했고 타지에서 돌아온 후에는 기차역을 통해 각자의 마을과 집으로 흩어져 갔다. 그래서 기차역은 도시의 출구이자 입구였다.

도시 출입구로서의 기차역의 역할은 기차역이 세워질 당시부터 명확했다. 기차역은 도시의 한 가운데에 자리 잡지 않았다. 기차역은 도시의 중심부에서 조금 떨어진 곳에 자리를 잡았다. 기차역에서 도시로 가는 길은 한참을 걸어가야 하거나 다른 교통수단의 도움을 받아야만 했다. 기차역이 도시의 중심부에 자리를 잡았다면 사람들은 그곳에서 각자의 마을과 집을 향해 사방으로 흩어졌을 터이다. 그랬다면 기차역은 출입구라기보다는 센터 같은 느낌이었을 것이다.

기차역이 도시의 외곽에 자리 잡은 것은 도시 중심부에 도달하기 위해서 도시를 관통할 것인가 아니면 도시를 우회할 것인가라는 두 가지 가능성 중에서 선택한 결과이다. 한국에서 전자보다 후자가 선택된 것은 도시를 관통해서 얻는 편리함보다는 도시가 두 개의 영역으로 분리되는 것을 마땅치 않게 생각했기 때문이다. 한편 기차라는 교통수단만으로 도시의 모든 지역을 연결하는 것보다는 기차와 버스와 같은 교통수단을 연계해서 운영하는 것이 효과적이라고 판단했기 때문이다.

기차역이 도시의 외곽에 자리 잡게 된 것은 기능적인 이유가 크긴 하다. 하지만 그것이 다는 아니다. 한국인의 전통적인 이동개념이 한몫을 했다고 보아야 한다. 우리는 전통적으로 두 개의 영역 간의 물리적인 이동 효율보다는 이동의 과정을 중시한 편이다. 두 개의 영역을 마주 붙여 놓아서 이동거리를 짧게 할 수 있는 경우라도 그리하지 않는 경우가 많다. 그러기보다는 그들 사이에 통로를 설치하고 통로를 조작함으로써 두 영역 간의 이동을 특별한 경험이 일어나는 또 하나의 영역으로 만들기를 좋아했기 때문이다.

하마비를 생각해보자. 말을 타고 왔으면 목적지에 도달할 때까지 말을 타는 것이 이동의 효율이라는 측면에서 보면 훨씬 더 효과적일 것이다. 하지만 그리하지 않는다. 목적지에 도달하기 전 어딘가에 하마비를 세우고 거기부터는 말에서 내려 걸어 들어가게 한다. 목적지가 가지는 특유한 영역성을 살리고자 하는 배려이다. 한국의 기차역은 마치 하마비와 같다. 도시의 중심부로 치고 들어가지 않고 외곽에서 내려 다른 통로를 이용하도록 한다. 도시가 가지는 특유한 영역을 보전하려는 의도다. 이런 의도를 실감 나게 이해하고자 한다면 유럽의 도시와 비교해 보는 것도 좋다.

하마비

한국의 기차역이 도시의 외곽에 자리를 잡은 반면에 유럽의 주요 도시들에서는 다른 형식의 기차역을 만날 수 있다. 그들의 도시에서는 기차가 도시 외곽을 스쳐 지나칠 듯하다가 갑자기 방향을 선회에서 도시의 중심으로 들어온다. 기차가 도시를 떠날 때는 방향을 거꾸로 한 채 왔던 길을 돌아나가서 도시의 외곽을 타고 흐르는 기차의 본선을 찾아가게 되어 있다.

유럽의 기차역은 '凸'자형 구조를 가지는 셈이다. 본선으로부터 볼록 튀어나온 부분이 도시의 중심부에 다다른다. 유럽의 기차역은 도시의 출입구라기보다는 도시의 센터가 된다.

유럽의 기차역

한국의 기차역은 자루처럼 생긴 도시의 주둥이에 해당된다. 그 주둥이를 통해서 사람들이 몰려나오고 몰려 들어간다. 도시를 떠나고 도시로 들어오는 모든 사람들이 기차역에서 만나게 된다. 기차역은 일종의 병목 같은 곳이어서 그곳에서는 대단히 높은 밀도와 빈도로 사람들을 만날 수 있게 된다. 한참 동안 도시를 떠나있다 돌아오는 사람이라 해도 어김없이 아는 이를 만나게 되고 그와 말을 섞게 된다. 이때부터 타지로 나갔던 이들도 자신의 도시로 돌아왔다는 사실을 실감하게 된다.

도시가 하나의 커다란 주요 영역이라면 기차역은 그것을 보조하는 작은 영역이다. 이 둘 간의 동로는 제법 거리가 있게 마련이다. 이 통로 덕분에 기차역은 자루의 주머니처럼 도시의 출입구 역할을 톡톡히 해낸다.

기차역이 도시의 출입구처럼 느껴지는 것은 유럽의 도시에서처럼 도시의 중심부로 불쑥 들어서지 않기 때문이다. 기차는 고향 도시에 도달하기 전부터 여러 가지 방법으로 나의 도시라는 영역에 들어서고 있음을 알려준다. 기차 선로가 도시를 휘감고 지나기 때문에 도시는 도착하기 오래전부터 그 전체 모습을 설핏설핏 드러내 보여준다. 밤이라면 더욱 그렇다. 도시의 불빛들이 한 덩이로 뭉쳐져 진정한 하나의 영역처럼 드러나 보인다.

기차 선로는 도시의 출입구 역할을 하는 기차역 간을 연결하는 통로가 된다. 지형에 변화가 많고 곳곳에 하천이 지나가는 우리의 지리적 특성 때문에 이 통로는 매 구간이 특징적이다. 산을 휘감아 돌거나 하천 위에 설치된 다리를 건너거나 하는 품새가 지역마다 다

밤 기차에서 보는 도시 전경

르다. 다리라고 해도 다 같은 다리가 아니다. 다리의 길이와 높이에 따라 기차의 소리가 달라진다. 다리가 길고 높을수록 오랜 울림이 남는 소리를 만들어 낸다. 사람들은 산허리를 휘감고 돌아 나오면서 마주치는 도시의 전경과 고향 도시에 들어설 때 나는 특유의 기차 소리의 울림으로 목적지에 도착하고 있음을 안다. 산허리를 돌아 나올 때 기차는 기적 소리를 낸다. 혹시라도 산에 가려 보이지 않는 기차가 불쑥 모습을 드러낼 때 발생할 수 있는 사고를 우려해서다. 기차의 기적 소리는 도시의 출입구를 여는 소리다.

기차역은 역을 중심으로 도시라는 전체 영역의 경계를 만들어 낸다. 그 영역 내에 있는 사람들이 타지로 드나들 때마다 거쳐 가지 않을 수 없는 출입구 역할을 하면서 그곳을 지나는 모든 사람들에게 자신이 이 도시에 속한 사람이라는 것을 알게 해준다.

자식의 뉴타운에는 기차역 대신 아파트 주차장이 있다. 뉴타운 사

람들은 타지로 나들이를 할 때 대체로 자가용을 이용한다. 부모의 마을에 있는 기차역 같이 모두가 반드시 거쳐야만 하는 공통 영역은 따로 없다. 뉴타운 사람들은 자신의 집 앞 주차장에서 출발해서 목적지 집 앞 주차장에 바로 도달하게 된다.

아파트 주차장

기차를 타고 가면 도시의 전체적인 모습을 보지만 자가용을 타면 도시의 일부분만을 자세하게 들여다보게 된다. 자가용을 타고 스쳐 지나가는 도시에서는 도시를 실체로 느끼지 못한다. 그저 비슷비슷한 길의 연속일 뿐이다.

뉴타운 사람들은 마을 사람들보다 훨씬 더 편리하게 타지 왕래를 한다. 자신이 원하는 시간에 자신의 집 앞에서 목적지까지 바로 도달할 수 있다. 시간 절약과 편리함에서라면 뉴타운 사람은 복을 받은 셈이다.

뉴타운 사람들은 편리함을 얻었지만 그 대가로 도시의 출입구를 잃어 버렸다. 자신이 어느 특정한 도시에 속한 사람이라는 느낌 또한 갖기 어렵게 되었다. 자신이 어느 도시 사람이라는 사실은 집에서 수령하는 우편물에 인쇄된 주소를 통해서만 자각한다고 해도 과언이 아니다. 이제 그는 더 이상 어느 도시에 속한 사람이 아니다.

자가용을 이용하고 집 앞 주차장을 이용하면서 편리함을 얻는 대신에 소속감은 잃어 버렸지만 뉴타운 자식들은 이를 그리 아쉬워하는 것 같지는 않다. 그들은 소속감이라는 정체 모를 가치보다 편리함을 즐기고 있지만 의식적 선택은 아니었다. 자신의 선택과 관계없이 그저 주어진 것이었고 그것 이외의 것은 알 길이 없기 때문일 뿐이다.

선택은 건축가들의 몫이었다. 소속감이란 좋은 것이기는 하지만 정량화하기 힘든 가치다. 그래서 선택에서 제외된다. 또한 기차역 보다는 주차장을 선택하는데 주저함이 없었던 데는 '형평성'이라는 가치도 한몫을 했음이 틀림없다. 기차역을 세우게 되면 그로부터 가까운 곳과 먼 곳 간에 혜택에 차이가 생기게 되고 이는 곧 지역 간 경제적 가치에 차이가 생긴다는 것을 의미한다. 이럴 때 역시 현대 건축가들은 주저없이 '형평성'을 택한다.

사람들은 처음 만나면 자기소개를 할 때 어디 사는 누구라고 한다. 명함에야 자신의 직장과 하는 일이 적혀 있을 터이지만 말로 하는 자기소개는 어김없이 어디 사는 누구다. "경주 사는 김가 동민입니다."라는 식이다. 이렇게 자기의 존재를 규정하는 수식어로 고향 도시 이름을 사용할 수 있다는 것은 자신이 고향 도시에 속한 존재라는 것을 분명하게 인식하고 받아들이고 있기 때문이다. 여기에는 기차역의 힘이 크다. 기차역이라는 자루의 주둥이처럼 모든 사람이 들고 나는 출입구가 있었기에 사람들은 자기가 어느 자루에 들어 있는 존재인지를 안다.

"경주 사는 누구입니다" 혹은 "예산 사는 누구 입니다"에는 어색함이 없다. 그런데 예를 들어 "영등포 사는 누구입니다"라는 표현은 어떤가? 영등포라 하면 대략 어딘지는 알겠지만 어디서부터 어디까지가 영등포인지 모호하기만 하다. 같은 영등포 사람이라 해도 기차역처럼 공유하면서 얼굴을 마주칠 장소가 없으니 영등포 사람이라고 부르는 것도 이상하다. 평소에 자신이 영등포 산다는 것을 절절히 느낄 계기가 없었을 것 같은데도 영등포 사람이라고 말하는 것은 일상적인 것은 아니다. 유독 라디오 방송과 같은 매체에서 자신을 소개할 때만 마치 아직 버리지 못한 습관처럼 불쑥 나온다. 특별하게 드러나는 영역성을 지니지 못하는 곳에 살면서도 자신을 '어디 사는 누구라고' 지리적인 특정 장소와 연관 지어 소개하는 것은 그저 옛날부터 해 온 버릇 때문일 것이다.

자신을 영등포 사람이라고 소개하는 것에는 특정 지역에 대한 소속감이라는 게 얼마나 중요한 지를 알게 해주는 함의가 숨어 있다. 버릇으로 굳어질 만큼 사람들은 특정 도시에 대한 소속감을 중요하게 생각하고 필요한 것으로 생각해온 것이다.

기차역은 도시에 대한 소속감을 만들어 내는 데 큰 역할을 한다. 기차역 없이 집 앞 주차장을 이용하는 뉴타운 사람들이 갖기 어려운 소속감이 기차역을 가진 마을 사람에게는 자연스럽게 만들어진다. 자식의 뉴타운은 개인이 모여 만드는 사회다. 부모의 마을에는 사회에 개인이 소속되어 산다. 뉴타운에선 각 개인의 개성이 더 중시되고 편리함이 중시된다. 마을에서는 사회라는 집단이 개인 앞에 온다. "어디 사는 누구"라는 표현처럼. 그곳에서는 개성보다는 때로 소속감이 더 중요하고 편리함보다는 그 사회의 특별한 영역성이 더 중시되기도 한다.

뉴타운이 좋다 혹은 마을이 좋다 라고 단정적으로 판단할 문제는 아닐 것이다. 일장일단이 있기 때문이다. 뉴타운이 좋냐, 마을이 좋냐 하는 것은 선택의 문제일 수 있다. 하지만 단순히 뉴타운이나 마을을 선택하는 것이 아니고 뉴타운이 지지하는 사회적 합의와 마을이 지탱하는 사회적 합의 사이에서 하는 선택이다.

부모의 마을에 있는 기차역에서 우리는 부모의 유년을 지배했던 사회적 합의가 무엇이었는지 알 수 있다. 결과적으로 부모의 마을이 중시했던 것은 공동체에 대한 소속감이었다. 부모는 마을에 소속되어 집단의 일부로서의 개인을 꿈꾸었다. 반면에 자식은 개인으로 홀로 서 있으면서 필요가 있을 때 집단에 소속되기를 원한다.

2. 오일장 vs. 마트

닷새 후에 vs. 지금 당장

뉴타운 사람들의 생활 중심지는 쇼핑몰이다. 현대 건축도시계획 이론은 초등학교를 중심으로 하는 근린주구를 도시계획의 단위로 제시하고 있지만 실상과는 거리가 멀다. 초등학교가 뉴타운의 중심이 되는 일은 절대로 없다. 뉴타운의 지역적 중심을 차지하면서 가장 사람이 빈번하게 몰려드는 문자 그대로의 생활중심은 쇼핑몰이다.

쇼핑몰에는 갖가지 상점들이 들어차 있기 마련이지만 그중에서도 사람들이 가장 많이 붐비는 곳은 대형마트다. 한국의 마트는 미국의 창고형 마트가 한국에 들어와 자리를 잡기 시작하면서 상점의 대표적인 형식으로 자리를 잡았다. 미국의 마트가 그저 교외에 위치한 창고에 불과했던 반면 한국의 마트는 창고와 같이 넓은 공간에 고급스런 시설까지 덧입혔다. 한국의 마트와 비교하면 미국의

미국의 월 마트

마트는 썰렁하고 남루해 보일 정도다.

미국의 마트가 한국 사람 입장에서 보기에 초라할 정도로 보잘 것 없는 것은 마트의 의미가 다르기 때문이다. 미국 사람들에게 마트는 그저 값싸고 편리하게 물건을 구매하는 장소에 불과하다. 한국은 그렇지 않다. 마트는 물건을 사는 곳이기도 하지만 물건 사는 즐거움을 만끽하는 장소다. 우리의 전통적인 시장이 그러했던 것처럼. 한국의 마트는 미국의 창고형 마트를 근간으로 하면서 거기에 물건 사는 즐거움을 배가시켜 줄 여러 장치들을 고안해 내었다. 고급스럽게 진화한 한국형 마트 앞에 미국이나 유럽의 마트는 맥을 못 춘다.

자식이 사는 뉴타운에 마트가 있다면 부모가 사는 마을에는 오일장이 있다. 마트와 오일장은 정말 다르다. 공간구조도 다르고, 사람들에게 주는 의미도 다르고, 작동하는 방식도 다르다.

마트 육류 코너

마트 진열대

공간구조 측면에서 봤을 때 마트와 오일장터 간에 드러나는 가장 큰 차이는 영역의 경계 형성 방식에서 찾아볼 수 있다. 마트나 오일장터 모두 커다란 전체 영역 안에 작은 영역들이 중첩해서 들어차 있는 것까지는 동일하다. 그런데 마트의 내부 영역들은 모두 한 방향으로만 열려 있다. 마트의 가장자리를 차지하고 있는 해산물이나 육류 코너를 살펴보면 그곳은 모두 마트 중심 방향으로만 열려 있다. 앞만 있는 영역이다. 이 앞을 매개체로 해서 손님과 종업원이 소통을 하는 구조다.

마트 중앙을 차지하고 있는 상품 진열대는 섬처럼 존재하기 때문에 해산물이나 육류 코너와는 다르게 앞뒤가 있는 영역처럼 보이기도 한다. 하지만 진열대 역시 한쪽으로만 물건이 진열되어 있을 뿐이다. 진열대의 뒷면은 또 다른 영역이다.

오일장터의 내부 영역들은 사방으로 열려있다. 앞뒤가 있을 뿐만 아니라 좌우도 가지고 있는 영역이다. 고객과 상점주는 이 네 가지 방향 모두에서 소통을 한다. 사면이 열려있는 경계를 가지는 영역이기 때문이다. 심지어 한 영역 너머로 다른 영역이 중첩되어 보이기도 한다. 이렇게 다양한 방향에서 접근이 가능하고 또 다른 영역과 중첩될 수도 있는 공간구조가 주는 경험은 특별하다.

오일장터의 이런 공간구조가 주는 경험을 맛보려면 서울 광장시장 먹거리 코너를 찾아가 보면 된다. 커다랗게 열려있는 전체 공간 속에 개별 상점들이 섬처럼 떠있다. 그 섬은 사방으로 열려있고 상점주는 사방으로 둘러앉은 손님들과 바쁘게 소통한다. 한 상점 너머로 다른 상점이 훤하게 보이기도 한다. 광장시장 음식 코너에서는 음식과 함께 광장시장의 공간구조가 주는 경험도 맛보게 된다. 우

광장시장 먹거리 코너

리가 때때로 굳이 광장시장을 찾는 것은 분명 음식 때문만은 아닐 것이다.

오일장터 특유의 공간구조가 우리에게 허락하는 특별한 공간감은 그것의 깊이감이다. 마트의 모든 매장은 한 겹으로 끝이 나지만 오일장터에서는 여러 겹이 겹쳐있다. 사람들은 여러 겹을 뚫고 들어가는 수고로움에서 재미를 느끼기도 한다. 하지만 더욱 중요한 것은 깊이가 있는 공간은 쉽사리 소모되지 않는다는 점이다. 여기서 말하는 소모는 공간의 전체 구조가 읽혀져 머릿속에 정확한 지도가 그려진다는 것을 의미한다. 마트의 지도는 머릿속에 쉽게 그려지지만 오일장터의 지도는 쉽사리 그려지지 않는다. 완성된 지도와 언제까지라도 완성되지 않을 것 같은 지도의 차이다. 지도가 한번 완성되고 나면 뭔가 더 있을 거라는 상상이 멈춘다. 사람들은 마트에서 쇼핑리스트에 적힌 항목을 정확하게 구매하는 것으로 만족한다. 오일장터에서는 완성되지 않은 지도의 한구석에서 구매욕을 자극하는 물건과의 우연한 조우를 은근히 기대한다.

오일장터의 공간구조의 깊이감을 더 해주는 요소가 하나 더 있다. 오일장터는 상설 시장이 아니다. 상점들이 닷새마다 가설 형식으로 펼쳐졌다가 해체되기를 반복한다. 이 과정에서 오일장터는 매번 조금씩 다른 모습으로 재등장한다. 이런 변화는 오일장터의 지도를 확실하게 구축하는 데 걸림돌이 된다. 그렇지만 그게 무슨 문제가 되는 것은 아니다. 오히려 오일장터의 공간감에 깊이를 더해주고, 뭔가 전에 보지 못했던 새로운 물건을 발견할 수 있을 거라는 기대를 주기에 부족함이 없다.

뉴타운의 마트가 좀 더 교묘한 상술을 발휘할 것 같지만 모든 면에서 다 그런 것은 아니다. 공간구조의 특징만 놓고 본다면 오일장터가 한 수 위인 측면도 있다. 그러다 보니 마트가 오일장터를 흉내 내기도 한다. 특별한 이유가 없어 보이는데도 간간이 진열대의 배치와 매장 상품의 위치를 바꾸는 것이다. 마트의 공간 구조는 워낙 간명하기 때문에 사람들은 매장이 열리고 얼마 지나지 않아 물건의 위치를 거의 외우게 된다. 그다음부턴 사람들은 필요한 물건을 사러 바로 원하는 장소로 달려간다. 그러다 보니 물건을 찾기 위해 매장을 돌아다니다가 발생할 수 있는 충동 구매의 기회가 사라지는 것이다. 마트는 빈약한 공간의 깊이감을 보완하기 위해 억지로 매장 내 상품의 위치를 수시로 바꾸는 수고로움을 마다하지 않는다.

오일장터에 길들여진 사람과 마트에 길들여진 사람은 어떤 차이가 있을까? 오일장터를 찾는 사람은 그 공간을 장악하려 하지 않는다. 어느 물건이 어느 위치에 있는지 속속들이 알려고 하지도 않는다. 알고 싶어도 공간구조의 특징상 그러기가 쉽지 않기 때문이다. 오일장을 찾는 마을 사람들은 모른 것은 모르는 채로 두는 여유를 갖도록 훈련되고 길들여진다. 장터의 특별한 공간구조를 통해서 말이다. 명확하고 간결한 공간구조를 가지는 마트를 이용하는 뉴타운 사람들에게는 기대하기 힘든 일이다. 마트는 상품의 위치를 정확하게 말해줘야 하는 공간구조를 갖는 반면, 오일장을 찾는 사람들은 그런 정확성을 기대하지도 요구하지도 않는다.

오일장은 말 그대로 오일마다 열리는 장이다. 인근에 위치하는 다섯 개의 도시가 모여서 돌아가면서 장을 여는 시스템이다. 매일 장을 열기에는 구매력이 부족했던 시절에 궁리해낸 시스템이다. 장이 열리지 않는 나머지 사일은 이웃 도시가 장을 연다. 오일 만에 다시 장이 설 때쯤이면 사람들은 다 떨어져 가는 생필품을 구하기 위해 장으로 나선다. 뉴타운의 마트는 매일 열린다. 뉴타운 사람들의 구매력이 풍부하기 때문이다. 매일 열려도 매일 물건을 사러 오는 사람이 있기에 뉴타운에는 당연히 마트와 같은 상설시장이 편리하다.

오일장을 가진 마을 사람과 매일 열리는 마트를 가진 뉴타운 사람들이 보여주는 큰 차이는 인근 도시에 대한 이해 정도에서도 나타난다. 오일장은 다섯 도시를 돌아다니며 장사하는 장사꾼들이 물건을 파는 시스템이지만 도시별로 특산품이 따로 있다. 호미나 낫 같은 철제품이 유명한 도시가 있는 반면 또 다른 도시에서는 해산물이 유명한 경우도 있다. 이러다 보니 원하는 좋은 물건을 사려는 사람들은 특정 도시의 장날을 기다려 그리로 간다. 당연히 이웃하고 있는 도시들에 대한 이해가 높을 수밖에 없다. 마을 사람들에게 이웃 도시는 그리 낯선 곳이 아니었다. 그 도시들도 자신들의 삶의 또 다른 차원의 영역이었다. 그러나 뉴타운 사람들에게 인접 뉴타운은 외국이나 다름없다. 어느 한 뉴타운 마트에 없는 물건이 다른 뉴타운에 있는 경우는 극히 드물기 때문이다. 뉴타운 사람들은 자기들만의 도시에서 자급자족하며 살아간다. 인접한 뉴타운에 대한 이해가 필요하지도 않고 그럴 기회가 없다. 뉴타운 사람들은 혼자서 살아간다.

오일장터와 마트는 공간구조에서 큰 차이가 있지만 더욱 큰 차이는 시간개념에서 드러난다. 현대인들이 일요일을 기준으로 한 주 단위로 살아가고 있지만 예전 마을 사람들은 오일단위로 살았다. 자녀들이 뭔가를 사달라고 조르면 '돌아오는 장날에'라고 얘기할 수 있었다. 뉴타운의 마트는 일년 내내 열린다. 뉴타운의 아이들에게 물건 구매시기는 항상 지금 당장이다. 갖고 싶은 물건을 언제라도 살 수 있는 편리함이 뉴타운에는 있지만 그로 인해 잃는 것도 있다.

오일마다 돌아오는 장은 마을 사람에겐 축제다. 오일마다 열리는 작은 축제. 필요한 물건을 사려면 오일을 기다려야 하는 마을 사람들에겐 기다림의 불편함이 있지만 기다리는 즐거움도 있었다. 그 기다림의 끝에는 축제가 있으니 그 불편함은 충분히 보상된다.

축제는 일반적으로 공동체의 구성원들에게 일상의 구속과 번거로움에서 벗어나 스트레스를 해소할 기회를 준다. 때로는 파격적인 일탈의 기회를 주기도 한다. 또한 축제를 통해서 공동체 구성원은 서로의 소속감을 확인하는 기회를 얻기도 한다. 어떤 장날을 주로 이용하는가에 따라 한 동네 사람인지 구별하곤 했다. 같은 장을 이용하는 사람이 한 동네 사람이다.

같은 마트를 이용하면 같은 뉴타운 사람일 수도 있겠지만 같은 마트를 이용한다고 해서 한 동네 사람이란 생각을 갖기는 쉽지 않다. 뉴타운의 마트는 매일 열리는 장이다 보니 특별한 축제의 느낌이라곤 찾을 수 없기 때문이다.

오일마다 반복되는 축제는 사람들에게 시간이 연속되고 있음을 말해준다. 지금 열리고 있는 오일장은 작년에도 열렸고 십 년 전에도 열렸고 백 년 전에도 열렸다. 천지개벽이 일어나지 않는다면 지금 열리고 있는 오일장은 내년에도, 십 년 후에도 그리고 백 년 후에도 열릴 것을 믿는다.

뉴타운의 마트에 대해서도 사람들은 같은 생각을 가질까? 마트는 없다가도 생기지만 있다가도 없어지기도 쉽다. 한국에 들어 왔다가 사라진 미국식, 유럽식 마트를 생각해 보면 알 수 있다. 마트는 장사가 안 되면 없어진다. 생기는 것도 없어지는 것도 어려운 일이 아니다. 사람들은 마트가 십 년 전 쯤에는 존재하지도 않았다는 사실을 잘 알고 있으며 따라서 마트가 십 년이나 이십 년 후에도 존속할 것이라고는 기대하지 않는다. 자신이 십 년이나 이십 년 후에도 현재의 뉴타운에 계속 살 거라는 생각은 하지 않기에 마트의 존속성을 기대하지는 않는다. 더욱이 자신의 자녀들이 현재의 뉴타운에 살면서 현재의 마트를 이용할 것이라고는 거의 상상하지 않을 것이다. 뉴타운 거주자들에게는 자신이 그 동네에 언제까지 살 것인지 지금의 마트가 계속 존재할 것인지는 별로 중요하지 아니다. 그래도 좋고 안 그래도 상관없다.

오일장을 이용하는 마을 사람들은 다르다. 마을 사람들에게 오일장은 과거를 현재화하고 현재를 미래로 연장해주는 장치가 되기도 하다. 자신이 연속되는 시간 속에서 살고 있다는 사실을 실감 나게 해주는 공간이자 시간인 것이다. 뉴타운 사람들에게는 없는 개념이다.

뭔가 지속되고 영속적인 것에 가치를 두는 부모는 오일장을 살아서 그렇다. 뉴타운에 사는 자식은 언제나 열려 있는 마트를 살면서 무엇보다 지금 당장을 중시한다. 오일장은 마을 어귀에 서 있는 오래 묵은 나무와 같다. 그 나무가 언제부터 거기 있었는지 모르지만 매년 봄이 되면 잎이 틀림없이 새로 돋아날 것을 기대하듯이 돌아올 닷새 후를 기약한다. 고목나무 같은 오일장을 보면서 마을 사람들은 과거를 기억하고 미래를 생각한다. 뉴타운에는 오래 묵은 나무 같은 건 없다. 현재만 있을 뿐이다. 그 현재는 과거로부터 얽매이는 일도 없고 미래로부터 구애받는 일도 없다.

 Mentor
 하지혜국어
이선생 영

건동·원 치과 연세秀학원
 염☆성구사 속눈썹  너얼스

 죄두리 슈가아트 찬송가 반주기  치킨
터미널☎8500 삼☆ 534-8181

← 반포역 고속터미널 한토역 →

3. 극장 vs. 멀티플렉스

극장 구경 간다. vs. 영화 보러 간다.

현대인에게 영화보다 더 좋은 오락거리는 없는 것 같다. 어른이든 아이든 가릴 것 없이 모두들 영화 보기를 즐겨한다. 누군가가 영화를 보지 않는다면 그것은 시간과 경제적 여건이 허락하지 않기 때문일 것이다.

마을에 사는 부모도 뉴타운에 사는 자식도 영화를 좋아하기는 마찬가지다. 그런데 부모는 영화를 보러 갈 때 "극장 구경 간다."라는 말을 사용한다. 자식은 당연히 "영화 보러 간다."라고 말한다. 부모가 극장 구경을 간다는 것이 글자 그대로의 의미로 극장 건물을 구경하러 가는 것이 아님은 분명하다. 자식이 영화를 보는 것처럼 부모도 극장에서 상영하는 영화를 보러 간다. 그럼에도 불구하고 부모가 "극장 구경을 간다."라고 하는 데는 분명히 무슨 이유가 있을 것이다.

부모나 자식이나 영화를 보기 위해 찾는 곳은 '영화관'인데 부모는 극장이라고 부르는 것에 익숙하고 자식은 영화관이라고 부르는 게 당연한 것으로 여긴다. 부모가 영화를 보는 곳을 극장이라고 부르게 된 것은 단순명쾌하다. 부모의 마을에선 극장이라 불리는 건물에서 영화만 보여주는 것이 아니었기 때문이다. 부모의 극장에서는 영화와 함께, 악극을 공연하기도 했고 요즘으로 치자면 스탠딩 코미디와 뮤지컬 같은 것이 어우러진 쇼를 볼 수도 있었다. 부모의 극장은 다용도 건물이다. 이 건물에서 볼 수 있는 것 중 하나만 꼭 집어내서 그걸로 이 건물의 이름을 붙이는 게 더 이상하다. 그러니 영화도, 악극도, 쇼도 볼 수 있는 건물을 극장이라고 부르는 건 타당하다. 자식이 영화를 보러 가는 영화관은 진짜로 영화만 상영한다. 당연히 여기에는 극장이라는 명칭은 어울리지 않는다.

부모는 극장 구경 간다고 하고 자식은 영화 보러 간다고 하는 차이가 발생하는 것은 해당 건물이 다용도냐 전용으로 사용되느냐에서 그치지 않는다. 다용도냐 전용이냐 하는 것은 주로 극장과 영화에 영향을 미친다. '구경' 간다와 '보러' 간다의 차이와는 아무런 상관이 없다. 이 둘 간의 차이에는 또 다른 이유가 있다.

극장은 대체로 단관이다. 영화든 악극이든 쇼든 뭔가를 보여주는 무대가 하나뿐이라는 얘기다. 자식이 영화를 보기 위해 즐겨 찾는 뉴타운의 영화관은 다관이다. 영화를 상영하는 무대가 여러 개라는 뜻이다. 요즘은 다관이라는 단어 대신에 '멀티플렉스'라는 외래어를 사용한다.

부모의 마을에 있는 극장에서는 한 번에 하나의 영화만을 두어 달 동안 상영한다. 자식의 멀티플렉스에서는 십여 편에 가까운 영화를 비슷한 기간 동안 상영한다. 부모에게는 보고 싶은 영화를 고를 수 있는 선택권이 없었지만 자식에게는 있다. 자식은 남들이 재미있다고 하는 흥행 대박 영화를 보기도 하지만 남들은 별로라고 할 수도 있지만 자신이 특별하게 좋아하는 영화를 골라 보기도 한다. 자식은 다양한 영화를 아무 때나 즐길 수 있다. 부모는 영화를 한 번 보고 나면 새 영화가 상영될 때까지 두세 달 기다려야 했다. 편리함에서는 멀티플렉스가 몇 수 위다.

부모가 극장에서 영화를 보는 행위와 자식이 멀티플렉스에서 영화를 보는 행위에는 다른 점이 있다. 5일을 기다려서 만날 수 있는 오일장과 매일 열려 있는 마트의 차이가 여기에도 있다. 부모가 극장에서 보는 영화는 두세 달을 기다려서 보는 것이고, 자식은 원하기만 하면 아무 때라도 볼 수 있다. 부모가 극장에서 영화를 보는 것은 시간 간격을 가지고 벌어지는 축제에 참여하는 것이고, 자식이 영화를 보는 것은 일상의 연속에 속한다.

일상의 연속으로 별다를 것 없는 영화 관람을 위해 자식은 그저 평상복에 슬리퍼를 신고 갈 수도 있는 일이지만 부모는 아니다. 부모에게 극장 구경을 가는 것은 오랜만에 맞이하는 축제에 가는 일이기에 차림새에도 신경을 쓴다. 극장에 가면 분명 아는 이를 만날 것이기 때문이다. 그 들 중에는 스스럼없이 지내는 이웃도 있을 테지만 제대로 갖춰 입은 모습을 보여주는 것이 좋을 사람들을 꼭 만나게 되기 때문이다.

부모의 마을에서 인기 있는 영화가 두세 달 상영되는 동안 영화는 마을 사람들의 공통 관심사이자 대화의 소재가 된다. 마을에서 특정 시기에 상영되는 영화는 단 하나이기 때문에 그럴 수밖에 없다.

마을 극장에 새 영화가 들어오게 되면 극장은 대대적인 홍보 활동을 시작한다. 극장이 소유한 자동차에 커다란 포스터를 사방으로 붙이고 선거 때나 볼 수 있는 확성기를 달고 온 마을을 돌아다닌다. 그 당시에는 차가 얼마나 귀했는가. 극장이 전용차를 가지고 있다는 것만으로도 얘기 거리가 된다. 새로울 것이라고는 별로 없을 조그만 마을에 극장 홍보차는 신선한 구경거리가 된다. 극장에서 상영하는 영화는 개봉 전부터 마을 사람들의 관심거리가 된다.

조그만 마을에서 벌어지는 특별한 사건은 마을 사람들에게 잊지 못할 기억을 선물한다. 충청도 H읍에 사십여 년 전 윤정희라는 당시 가장 유명한 영화배우가 현지 촬영을 한 적이 있었다. 영화를 찍을 당시 온 도시 사람의 관심사는 오직 윤정희와 그녀의 영화였다. 이건 이해할 만 하다. 그런데 사십 년이 지난 지금에도 사람들은 윤정희와 그녀가 연기를 하던 장소에 대해서 얘기 한다. 극장과 영화와 관련된 소재가 가지는 힘이다. 그 때, 부모의 유년 시절에는 특별한 일이라는 게 거의 없었기 때문이다. 극장에서 상영하는 영화는 특별할 것 하나 없이 일상의 쳇바퀴를 돌리는 마을 사람에게는 신명 나는 공동의 축제였다.

자식이 사는 뉴타운에서는 아무 때나 다양한 영화를 볼 수 있다. 천만 명 이상의 관객을 끌어모으는 영화가 아니라면 사람들의 공통적인 관심사에 오르지도 못한다. 뉴타운에서 영화는 그저 일상의 한 단편일 뿐이다.

부모에게 극장이 구경의 대상이 되는 것은 단관 극장이라는 건축적 특징이기 때문이기도 하고, 때를 기다려야만 만날 수 있는 축제이기도 하고, 온 마을 사람들의 공통의 관심사에 참여하는 일이 되기도 하기 때문이다.

부모의 마을에서 극장 '구경'이라는 말이 성립할 수 있는 가장 근본적인 이유가 되는 극장 건물의 특별함에 대해서 살펴볼 차례다. 우선 도시 차원에서부터 시작해보자. 부모가 어렸던 시절 극장은 그 도시에서 가장 큰 건물이었다. 이유는 극장이 수행하는 기능 때문이다. 이미 얘기한 것처럼 극장에서 악극도 공연됐고 쇼가 벌어지기도 했다. 이들 모두 무대가 필요하다.

극장 구경 온 사람들에게 무대는 가로가 길고 높이가 그것보다는 작은 커다란 직사각형의 그림틀이 전부이지만 공연을 가능하게 하기 위해서는 더 많은 시설들이 필요했다. 무대 위에는 무대 장치를

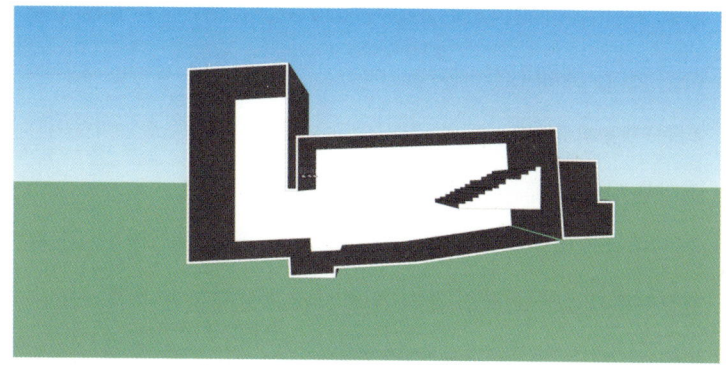
극장 단면도

조종하는 타워가 필요하다. 타워의 높이는 무대 그림틀 높이의 두 세 배 이상이 된다. 그러다 보니 극장은 극장 구경 온 사람들의 눈에 보이는 것보다 두세 배 이상 더 높을 수밖에 없다. 또한 많은 수의 사람들을 수용하기 위해서는 극장이 넓어야 했고 제한적일 수밖에 없는 바닥면적을 효율적으로 사용하기 위해서는 2층이 적절하다.

무대 위의 높은 타워와 2층 객석을 포함할 정도로 큰 극장은 단연 도시의 어느 곳에서나 눈에 띄는 랜드마크였다. 누군가 길을 물어오면 사람들은 보통 이런 식으로 시작한다. "○○ 극장 아시죠. 거기서 개천 길을 따라서 가면 …" 이렇듯이 극장은 한 도시에 대한 지리적 이해의 시작점으로 기능했다.

뉴타운의 멀티플렉스는 여러 개의 영화를 동시에 상영하면서 심지어 다른 기능을 하는 공간과 같이 있기도 하다. 건물 안에 영화관 말고도 다른 시설이 같이 있다는 말이다. 이런 종류의 건물은 그 건물의 크기나 높이가 매우 커서 그 건물 자체는 랜드마크 역할을 할 수는 있다. 하지만 멀티플렉스 영화관 자체를 랜드마크로 삼는 경우는 드물다. 마을의 극장과 달리 뉴타운의 멀티플렉스 영화관은 거대한 건물 안에 들어 있는 작은 기능에 불과하다.

랜드마크가 되는 건물을 찾아 가는 것과 그렇지 않은 것에 분명 차이가 있다. 랜드마크로 찾아가는 길은 다른 것에 비해 좀 더 중요한 걸 하고 있다는 생각을 하게 만든다. 극장이 랜드마크가 됨으로써 그곳에서 벌어질 축제의 흥겨움은 배가된다.

이제부터는 건축 차원에서 살펴보자. 부모의 극장에는 커다란 건물 안에 로비와 무대와 객석공간이 들어 있다. 매표소는 건물 바깥을 향해 설치되었다. 사람들은 극장 앞에서 줄을 서서 표를 구매하고 안으로 들어가 로비에서 대기한다. 이전 타임 영화가 종료하고 사람들이 쏟아져 나온 후 관객석으로 진입하게 된다.

표를 사기 위해 기다리는 외부를 포함하면 극장의 공간은 크게 세 개로 구성된다. 외부 대기 공간, 로비 공간 그리고 무대-객석공간이다. 극장 구경을 온 사람들은 이 세 개의 영역을 지나면서 영화관람을 축제처럼 즐길 준비를 하는 셈이고, 그 과정 자체가 즐거운 경험이 된다.

극장을 구성하는 세 개의 공간을 연결하는 통로 또한 영화 관람에 대한 기대를 키우는 데 일조를 한다. 관람객은 외부 공간과 로비를

부모의 유년 기행

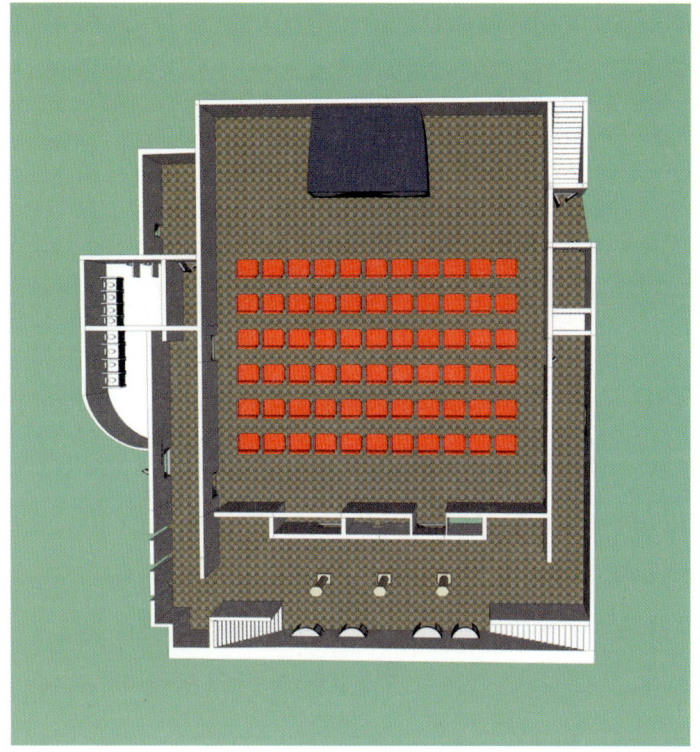

극장의 공간 구성

통로 삼아 무대-객석공간에 도달하게 되는데, 이 통로를 지나는 동안 사람들은 뭔가 좀 더 중요한 공간으로 들어선다는 느낌을 갖게 된다. 이런 느낌이 강조될 수 있는 것은 모든 사람이 같은 영화를 보기 위해 동시에 움직인다는 점이다. 같은 목적과 기대를 갖고 있는 사람들과 함께 움직일 때의 느낌은 영화 관람의 즐거움을 더 크게 한다.

극장 밖에서 표를 사기 위해 기다리는 긴 줄은 영화에 대한 기대를 한껏 부풀리는 기능을 한다. 맛집으로 소문난 식당 앞에 긴 줄이 불편하기만 한 것이 아닌 것과 같다. 로비에서는 전 시간대에 영화를 본 관람객의 상기된 얼굴과 마주치게 된다. 이 또한 영화에 대한 기대를 고조시킨다.

뉴타운의 멀티플렉스 영화관으로 가보자. 멀티플렉스 영화관은 극소수를 제외하고는 대부분 백화점이나 쇼핑몰의 한구석을 차지하고 있다. 멀티플렉스 영화관을 가면서 뉴타운의 극장에서 느끼는 랜드마크로 들어서는 뿌듯함을 기대해서는 안 된다.

멀티플렉스 영화관 내부는 극장과 달리 두 개의 영역으로 구성된다. 매표를 겸하는 로비 공간과 다수의 무대-객석공간이다. 로비는 서서 기다리는 공간 정도의 면적만을 차지한다. 급하게 표를 사서 무대와 객석공간으로 빨려 들어간다. 이런 로비는 영역이라기보다는 오히려 통로에 가깝다.

로비뿐만 아니라 멀티플렉스 전체 공간이 이벤트가 일어나는 영역이라기보다는 통로 같다는 느낌을 가지게 된다. 그 이유는 잘 짜인 동선체계 덕분이다. 멀티플렉스는 전 시간대 관람객이 빠져나갈 뒷문을 만들어 놓는다. 후 시간대 관람객이 이들과 마주칠 일은 없다. 멀티플렉스 상영관은 아무런 일도 없었던 듯이 새 손님을 마주하는 것이다.

멀티플렉스 영화관의 로비가 통로처럼 빈약하다는 것은 극장의 로비와 비교하면 더욱 적나라하게 드러난다. 극장의 로비는 출입구에 위치한다. 게다가 대부분의 극장 객석이 두 개 층으로 구성되다 보니 로비는 두 개가 된다. 1층 로비와 2층 로비. 이것으로 끝이 아니다. 1층 객석 공간에서 많은 인파가 한꺼번에 몰려나올 때를 대비해서 1층 객석의 좌우 면에 출입구를 설치한다. 그리고 이들 출입구 앞에는 항상 인파가 많기 때문에 속도를 떨어뜨릴 만한 공간이 필요한데 이곳 또한 로비 역할을 한다. 극장은 대체로 세 개의 로비 공간을 가진다.

그렇다면 누가 어떤 로비를 사용하는가? 각각의 로비별로 사용자가 모두 다르다. 관람자의 좌석 위치에 따라 어떤 로비를 사용할 것인지가 결정될 것 같다. 하지만 아니다. 여기에는 효율적인 동선이라는 물리적 조건과 동떨어진 특이한 규칙이 존재한다.

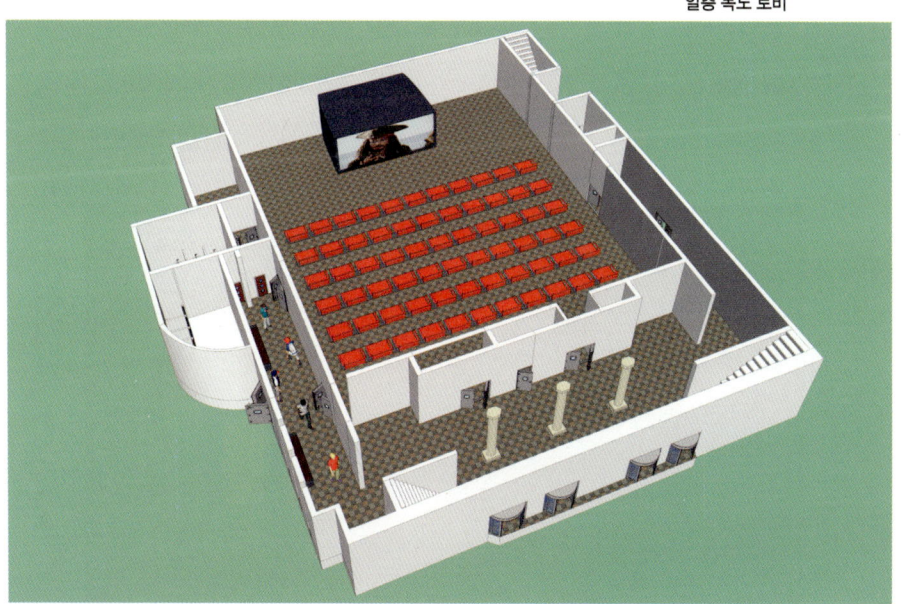

일층 복도 로비

1층은 나이 든 사람들이나 마을 유지라고 불리거나 자처하는 사람들 차지다. 2층 로비는 상대적으로 젊은 사람들이 사용한다. 1층 복도에 있는 비좁고 조금은 의도적으로 숨겨진 것 같은 공간은 청소년들의 차지다.

로비는 대중이 사용하는 공용 공간이다. 하지만 1층 복도 로비는 다르다. 극장을 찾는 대중으로부터 숨겨져 있고, 웬만하면 어른들은 잘 찾지 않는 공간이다. 이곳은 청소년들만을 위한 공간이 된다. 어른들이 잘 찾지 않는 것은 멀고 불편해서만은 아니다. 청소년을 위해서 짐짓 모른 채 남겨주는 공간이다. 이곳에서 청소년들은 어른 세대의 눈을 피해서 하는 일들을 한다. 사회가 공식적으로 인정하지는 않지만 성장 과정에서 불가피하게 겪어내야 하는 경험들을 가능하게 해주는 공간이다. 누구나가 다 극장 1층 복도 로비에서 특별한 경험을 하는 것은 아니다. 하지만 그런 경험이 있다면 그것은 성인이 되고 난 먼 훗날에도 강렬하고 짜릿한 추억으로 남기 마

멀티플렉스 평면도

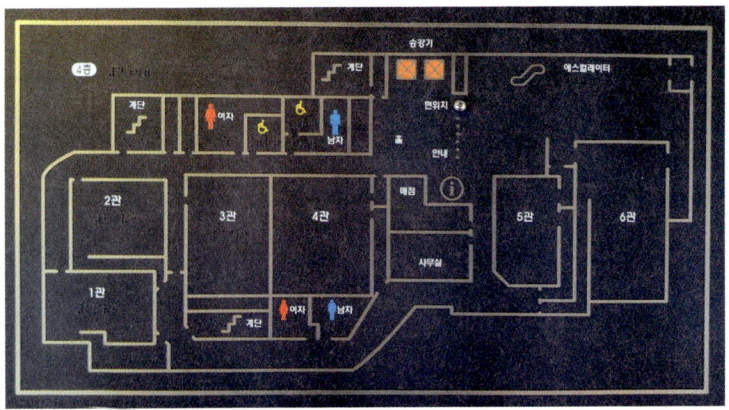

멀티플렉스의 통로

련이다. 이것이 극장이 주는 또 하나의 즐거움이다.

멀티플렉스 영화관의 로비 영역과 무대-객석 공간을 연결하는 통로의 기능은 아주 단순하다. 관람객을 각각의 무대-객석 공간으로 가장 빠르게 들어가도록 안내해주는 기능만 할 뿐이다. 무언가를 즐기기 위해서 가고 있다는 느낌은 사치다. 통로 하나에 여러 개의 영화관이 매달려 있는 구조에서 영화를 보기 위해 움직이는 사람 간에는 같은 영화를 보러 간다는 동료 의식도 느껴지지 않는다.

영역이라기보다는 통로라고 해야 마땅할 비좁은 로비에서 표를 구매하고 골목길 같은 복잡한 통로를 거쳐서 무대-객석공간에 도착한다. 과정의 즐거움이란 없다. 뉴타운의 자식은 진정 영화를 보러 영화관에 오는 것이다. 부모는 극장에서 영화를 보기도 하지만 극장이 주는 즐거움을 만끽할 수 있다. 그러니 확실히 부모에게는 영화 보러 간다는 말이 적절치 않다. 극장 구경을 하러 가는 것이다. 자식이 영화를 보러 가는 것과 다르게.

부모는 극장 구경을 통해 자신이 마련한 흥겨운 행사를 치를 뿐 아니라 마을 사람들과의 축제에 동참한다. 이 축제는 영화가 상영되는 두 세 시간에 끝나지 않는다. 새로운 영화가 다시 무대에 오르기까지 두세 달에 걸쳐서 계속되는 축제다. 축제를 통해서 부모는 자신이 마을의 한 사람이라는 사실을 느끼게 된다. 그건 뉴타운 멀티플렉스 영화관에서 영화를 보며 즐기는 자식은 이해하기 어려운 행복한 느낌이다.

4. 셋방 vs. 다가구주택

주인집 둘째 도련님 vs. 1602호 둘째 녀석

며칠 전 지인 한 분이 용인시장에서 물뿌리개를 하나 샀다고 한다. 시장에 가서 물건을 사는 것이 무슨 특별한 일이겠냐만 그 사람의 평소 행동을 생각해보면 꽤나 이례적인 일이었다. 듣다 보니 고개가 갸우뚱해지는 얘기가 연이어 나왔다. 물뿌리개 값이 생각보다 무척이나 쌌음에도 불구하고 재래시장에서는 으레 물건값을 깎아야 한다고 들어 온 터라 흥정을 해서 물뿌리개를 더 싸게 살 수 있었다고 한다. 평소 고지식하기만 하던 사람이 흥정을 했다는 것도 새삼스러운 일이었지만 더 놀라운 것은 흥정을 하는 과정에서 약간의 신경전도 마다 않고 실랑이를 벌였는데, 그게 재미가 있더라는 대목이다. 평소에 그의 성격을 잘 알고 있던 터라 상상할 수 없는 그의 행동과 취향의 변화에 놀라지 않을 수 없었다.

백화점이나 마트보다 재래시장이 나은 점은 우선은 물건값이 싸다는 것인데, 사람들은 보통 값을 더 깎아서 사는 흥정을 재미있어 한다. 어쩌다 시장에 가서 물건을 싼 값에 사게 되면 일종의 성취감을 느끼고 그런 일에 재미를 붙이게 된다.

상점 주인도 물건값이 깎일 것을 생각해서 얼마쯤 값을 올려 부르는 것임에 분명하다. 그러니 물건값을 아무리 많이 깎아도 정말로 싸게 산건지 아닌지 알기는 어렵다. 흔히 하는 말로 밑지고 파는 장사꾼 없다고 하니 물건값을 깎는다는 구매자의 재미는 실상은 어리숙한 자기만족일지도 모르겠다.

어떤 이들은 물건 흥정을 재미로 생각하지 못한다. 나도 그런 사람 중 하나다. 물건값을 깎는데 서툴다 보니, 상점 주인이 제시하는 값에서 한 푼도 내리지 못하는 경우가 대부분이다. 남들은 다들 물건값을 깎는데 나만 제 값을 다 주고 사게 되니 늘상 손해를 보는 느낌이다. 나 같은 사람에게는 시장에서 물건을 사는 일이 재미라기보다는 곤혹스러운 일이다. 매번 바보가 되는 느낌이 들기 때문이다. 부르는 값을 다 주고 돌아 나올 때마다 뒤통수가 뜨끈해지는 느낌이 든다. 상점 주인이 나를 얼간이라고 생각하는 것 같아서다.

물건값 못 깎는 점에서는 나보다 더 했으면 더했지 나을 리가 없는 사람이 한낱 물뿌리개를 사면서 물건값도 깎았고 또 그 과정이 재미도 있더라 하니 묻지 않을 수 없었다. "어쩌다 그런 재미를 알게 됐소?" 대답인 즉슨 자기가 나이가 먹어서 그렇게 되는 것 같단다.

이리 저리 눈치 보며 궁리를 내서 자신의 이득이나 편리함을 얻어
내는 게 몹시 어렵고 불편한 일이었는데 살다 보니 자신도 모르게
그런 기술들을 체득하게 되었는가 싶다는 대답이었다. 오십 대 중
반이 돼서 그런 얘기를 하니 난감하단 마음이 들 정도다. 철이 늦게
들었다고 해야 할지. 그저 세상 편하게 살아왔구나 라고 해야 할지.

나이 오십이 넘은 사람들 중에도 뉴타운 출신들이 종종 있다. 뉴타
운에서 태어나 아파트에 살고 인근에 있는 초등학교를 다니며 청소
년기를 산 사람들은 대부분 물건값 깎기에 소질도 없고 당연히 취
미도 없다. 대형마트에서 물건값을 깎아 산다는 말을 들어 본 적은
없다. 그 뿐만이 아니다. 이들은 어려서부터 자신이 속한 집단과 다
른 부류의 사람들과 섞여 살아 볼 기회가 드물었기 때문이다. 뉴타
운의 건축과 도시가 그렇게 만든다.

나이를 불문하고 부모가 살던 마을 사람들은 상대적으로 흥정에 능
숙하고 재미를 느끼기도 쉽다. 이들은 흥정을 당연한 것으로 여기
고 실속과 관계없이 가게 주인이 제시한 가격에서 다소간 값을 깎
았다는 것만으로도 성취감과 재미를 느끼는 사람들이다. 뉴타운 사
람들과 달리 마을 사람들은 자신이 속한 집단과 다른 부류의 사람
들과 섞여 생활할 기회가 상대적으로 더 많았기 때문이다. 마을의
건축과 도시가 그렇게 만든다.

우선 건축을 살펴보자. 마을에 있던 주택은 모두가 일층짜리 단독
주택이다. 단독주택의 상대적 개념인 공동주택은 없다. 당시의 단

독주택은 대부분 담장을 두르고 그 안에 집을 지어 넣는다. 큰 영역 안에 작은 영역이 배치된 셈이다. 울타리 안에 들어앉는 집은 한 채가 되기도 하고 때로는 두세 채가 되기도 한다. 몇 채가 되느냐는 것은 그 집 가족 구성과 구성원 수에 따라 달라진다.

주택의 형태와 공간구조를 결정짓는 것은 자연조건과 문화적 조건이다. 자연조건에는 기후가 가장 중요하고 두 번째로는 재료다. 우리나라 마을의 기후 조건의 특징은 겨울이 몹시 춥다는 거다. 난방이 반드시 필요하다. 이런 이유로 우리나라에서는 천 년도 더 된 옛날부터 상당히 진화된 방식의 난방시스템을 사용했다. 바로 구들이다. 구들은 방바닥 아래에 공간을 만들고 거기에 따뜻한 공기를 불어 넣는 방식이다. 이를 위해서는 아궁이와 고래가 필요하고 굴뚝도 있어야 한다. 아궁이에 불을 땔 때 뜨거운 열기를 만들고 이 열기가 방바닥 아래 구들을 지나면서 방을 덥히게 된다. 이 열기는 굴뚝을 통해 밖으로 빠져나간다.

마을의 집에서는 방이 있으면 무조건 아궁이가 있어야 한다. 방이

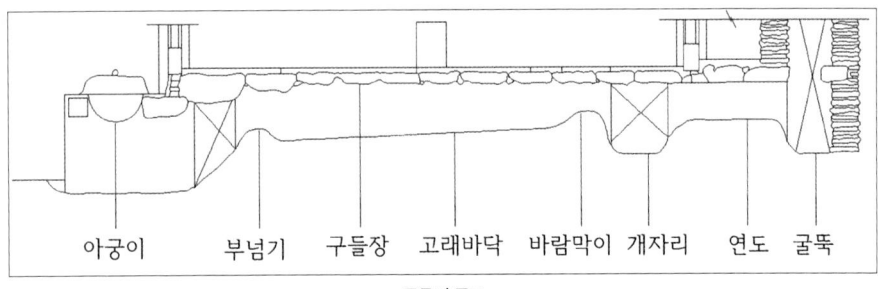

구들의 구조

하나면 아궁이도 하나, 방이 두 개면 아궁이도 두 개가 되어야 한다. 그런데 아궁이를 따로따로 떼어 놓는 것보다는 한군데 모아 놓는 것이 여러모로 유리하다. 아궁이가 놓이는 장소의 숫자를 줄이자면 아궁이를 가운데에 두고 'ㄱ'자, 'ㅜ'자, '+'자 형태로 방을 붙일 수 있다. 방에 아궁이가 붙는 것은 자연조건, 특히 겨울철이 몹시 춥다는 기후가 결정해준 것이다.

마을의 문화에서는 전통적으로 'ㄷ'자 형을 선택했다. 마당을 한 가운데에 두고 그것을 향해서 모든 방들이 열리는 공간구조를 가진다. 기후 조건과 문화적 조건을 동시에 고려한다면 마을의 집에는 두 개의 아궁이가 꼭 필요하다. 하나는 중간에 두어서 방 두 개를 담당하게 하고 나머지 하나는 끝에 두어서 방 하나를 별도의 아궁이를 통해서 덥히게 된다.

아궁이에는 불이 있다. 그런데 이 불로 방만 덥힐 필요는 없다. 아궁이에 약간의 장치를 부가하면 취사에 사용할 수도 있다. 그러면 부뚜막이 되는 것이다. 'ㄷ'자 형 주택에서는 두 개의 아궁이가 있으니 두 개의 부뚜막을 만드는 것은 쉬운 일이다. 추가로 돈이 많이 드는 일도 아니다. 식구 구성에 따라 다르겠지만 언제, 어떻게 상황이 변할지 모르니 일단 아궁이가 있는 곳에 부뚜막을 만드는 게 현명하다. 부뚜막이 있다는 것은 곧 그곳이 부엌이라는 것이나 마찬가지다. 마을의 주택에서는 기후와 문화적 조건으로 인해 대개 한 집에 부엌이 두 개가 생긴다.

방이 세 개인 마을 집의 정원은 몇 명일까? 현대식 개념으로 보자면 대략 3~4명일 것이다. 부모가 방 하나를 차지하고 나머지 두 개의 방은 두 자녀에게 각각 주는 것이 합리적이다. 하지만 과거의 실상은 달랐다. 마을에서는 한 방에 서넛이 같이 생활을 해도 이상한 게 아니었다. 이런 식으로 따지면 방 3칸짜리 집의 정원은 최소 6명이 넘는다.

가족 구성원의 수가 6명이 안 되는 집이라면 방 하나와 부엌 하나가 남는 셈인데, 이걸 그냥 놀릴 필요는 결코 없다. 그곳에 세를 들인다. 잠을 잘 방이 있고 게다가 취사를 해결할 수 있는 부엌이 있으니 살기에 불편함은 없다. 마을의 집은 구조적으로 셋방을 들여 사

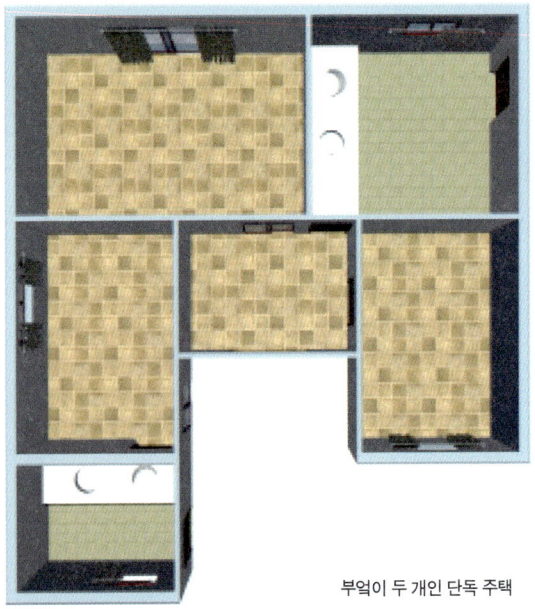

부엌이 두 개인 단독 주택

는 풍습을 조장한다. 그 시절에는 적지 않은 수의 집이 셋방을 들이면서 한 지붕 두 가구가 유행처럼 번졌다.

두 가구는 대개 주인집과 문간방 집으로 분류된다. 집주인이 사는 곳이니 주인집이라고 부른 것은 자연스러운 일이다. 셋방살이를 하는 사람들을 문간방 집이라고 부르게 된 것은 대문에서 볼 때 주인집이 안쪽에 그리고 셋방이 바깥쪽, 즉 문간 쪽으로 위치하기 때문이다.

주인집과 문간방 집은 평등한 관계가 아니었다. 대개 주인집은 나이가 좀 있는 부부가 살았고, 문간방에는 신혼부부가 살았다. 주인집이 나이가 있으니 그만큼 더 돈을 모을 시간적 여유가 있었을 것이다. 경제적으로 볼 때 주인집과 문간방 집에 차이가 있는 것도 당연하다.

문간방은 남의 집을 빌려 산다는 이유로 주인집과 불평등한 관계로 지내야 했다. 문간방이기에 집에 오는 사람의 초인종에 대답해야 하는 의무도 그의 몫이다. 문간방 집이나 주인집 모두 서너 명의 아이들을 두고 살았다. 주인집과 문간방 집 아이들은 부모들 간의 불평등한 관계를 어려서부터 보고 자라게 된다. 주인집 자식의 쓸데없는 우쭐거림이나 문간방 집 자식이 필요 이상으로 기죽어 지내는 일도 다반사이지만 그게 다는 아니다. 문간방 사람들에 대한 주인집의 인심 좋은 배려도 있고 주인집에 감사한 마음을 잊지 않는 문간방의 답례도 있다. 주인집 애들이 문간방 집 애들보다 나이가 많은 경우가 많다. 이런 경우 주인집 자식은 문간방 집 아이의 듬직한 형이 되어 주기도 한다.

마을의 셋집에서 자라나는 아이들은 좋은 관계든 나쁜 관계든 서로 다른 처지의 사람들과의 자연스러운 만남을 시작한다. 이들은 타인과의 교류는 항상 좋지만도 나쁘지만도 않다는 것을 삶에서 체험하며 성장한다.

다세대 주택

뉴타운에서는 셋방살이라는 개념을 찾아보기 힘들다. 마을과 달리 세를 주고자 하는 목적은 더 노골적이 됐지만 셋방살이는 없다. 방이 아닌 집 전체를 세 주어야 한다. 거기에는 방도 있고 부엌도 있고 거실도 있어야 한다. 무엇보다 중요한 것은 화장실을 독립적으로 사용할 수 있어야 한다는 점이다.

뉴타운의 건축가들은 전용 셋집을 고안해 냈다. 한 층에 셋집 하나를 넣어서 여러 층을 만든다. 다세대 주택이다. 다세대 주택은 대개는 4층 내외로 구성된다. 다세대 주택 건물 주인은 따로 다른 집에서 사는 경우가 많다. 그들은 더 좋은 동네에서 더 좋은 집에 산다. 주인이 다세대 주택 건물에 산다면 거의 어김없이 꼭대기 층을 차지하고 산다. 오르내리기가 불편하기는 하지만 프라이버시를 지켜내는 데는 꼭대기 층이 제일 낫기 때문이다. 집주인이 꼭대기 층을 차지하고 사는 데는 물론 층간 소음도 한몫 한다.

다세대 주택에 사는 여러 가구들이 공유하는 공간은 계단실이 유일하다. 그곳이 아니라면 같은 건물에 사는 사람이 얼굴을 마주할 일은 없다. 다세대 주택의 계단실은 그 성격이 이중적이다. 하나의 건물 안에 들어와 있으니 건물 밖과 비교해 보면 사적인 느낌이 나는 공간이다. 다른 한편 층마다 있는 개별 세대 입장에서 보면 집 밖이 된다. 개별 세대 내부에 비하면 공적인 느낌이 나는 공간이다. 이럴 때 반공적 혹은 반사적이란 개념을 사용하는 것이 어울린다. 계단실은 공과 사의 중간쯤에 있는 반공적 혹은 반사적 공간이다.

다세대 주택의 계단실은 공적 공간과 사적 공간이라는 연속적인 스펙트럼 상에 놓인다. 그러나 그 지점은 각각의 건물마다 다르다. 어떤 건물에서는 공적인 느낌이 더 강할 수도 있고 또 어떤 건물에서는 사적인 느낌이 더 강할 수도 있다. 계단실을 공적이 느낌이 강한 곳으로 혹은 반대로 사적인 느낌이 강한 곳으로 만드는 것은 일차적으로 공간구조다. 가장 간단한 예로 건물의 주출입구의 출입 통제 능력을 강하게 하면 할수록 사적인 느낌을 강하게 할 수 있다. 반대로 개별 세대의 현관문의 출입 통제 능력을 더 강화하고 주출입구의 출입통제 능력을 상대적으로 약화시키면 공적인 느낌이 강하게 나타나게 된다.

계단실의 공적 혹은 사적 느낌의 강도를 결정하는 것은 공간구조가 유일한 것은 아니다. 거기에 들어 사는 사람들의 행태 또한 큰 역할을 한다. 각 층 사람들이 서로 잘 알고 지내면서 왕래가 잦으면 잦을수록 계단실의 사적 성격은 강화된다.

뉴타운의 다세대 주택은 대부분 주출입구의 출입통제 성능을 중요하게 생각하지 않는다. 출입의 용이성과 적은 건축비용으로 최대의 공간 효율을 거둘 수 있는 집을 짓기를 원하기 때문이다. 따라서 다세대 건물의 계단실에서 입주자들끼리 상호 친목을 다질 기회는 많지 않다. 마을의 셋방살이처럼 긴밀한 관계를 형성할 기회가 없는 셈이다. 그런데 더 중요한 것은 긴밀한 관계를 원하지도 않는다는 점이다. 계단실에서 마주칠지도 모를 다른 층 사람들의 존재는 부담스럽기만 하다.

마을의 셋방살이에서는 대문간에서, 마당에서 그리고 각종 공용 공간에서 주인집 식구들과의 끊임없는 대면이 이루어진다. 이런 공간구조는 서로가 어울려 살지 않으면 안되는 관계를 만들어 낸다. 반면 뉴타운의 다세대 주택은 각 층 거주자가 사적으로 만날 수 있는 유일한 공간인 계단실마저도 공적 공간으로 배제해 놓는다. 계단실에서 다른 층 사람을 만나는 것은 건물 밖 길거리에서 마주치는 것이나 다름없는 상황이 된다. 이런 방식으로 뉴타운의 다세대 주택은 원한다면 서로 얼굴 부딪히지 않고 살 수 있는 선택권을 준다. 마을의 셋방에서는 주인집 둘째 자식을 둘째 도련님이라고 부르고 뉴타운의 다세대 주택에서는 1602호 둘째 녀석이라고 부른다.

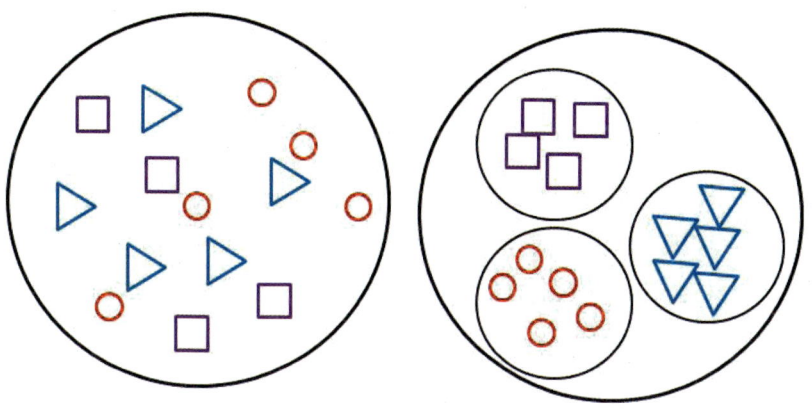

마을의 공간구조와 뉴타운의 공간 구조

도시적 차원에서는 어떠한가? 마을과 뉴타운은 영역의 구조가 다르다. 마을이라는 작은 영역은 도시라는 큰 영역 안에 들어있다. 마을에는 동그라미와 세모와 네모가 함께 어울려 섞여 산다. 도시 안에 들어 찬 마을 간에도 친소의 관계가 있다. 친한 마을 간을 연결하는 통로는 넓고 편한 길이다. 이런 길들은 대개 아스팔트로 포장된 길이다. 별로 친하지 않은 마을이라면 당연히 길이 넓고 편할 리 없다. 이런 길은 수십 년이 지나도 비포장인 상태로 있다. 몇 개의 마을이 모여서 또 하나의 큰 영역을 이루기도 한다. 마을의 모임이라고 할 수 있는 이들 중간 크기의 영역 간에는 서로 같고 다른 점이 동시에 공존하면서 서로에 대한 특징으로 존재한다. 중간 크기의 영역을 연결하는 통로도 서로 다르다. 큰 길도 있고 작은 길도 있다. 길을 보면 어느 곳이 어느 곳과 친하게 지내는 마을들인지를 알 수가 있다.

마을이 위치하는 도시의 공간구조는 각 개인이 가장 다양한 방식으로 다양한 타인을 만날 수 있는 기회를 제공한다. 마을 사람들은 도시를 드나 들 때마다 도시에서 마을군으로, 마을군에서 마을로, 그리고 마을에서 각자의 집으로 이어지는 계층적인 영역 구조를 거쳐야만 한다. 물론 도시를 나갈 때도 마찬가지다. 이런 마을에서는 다양한 타인과 마주치는 것은 불가피하다. 또한 만나서 타협을 이루고 사는 것은 선택이 아니라 필수다.

뉴타운도 전체 도시라는 영역과 그 안에 들어 있는 마을 비슷한 기본 단위를 형성하는 영역으로 구성된다. 여기서 말하는 마을 비슷한 기본 단위를 지칭하기 위해서 도시계획학에서는 근린주구라는 용어를 사용하기도 한다. 이 단위 안에는 같은 부류, 특히 비슷한 정도의 경제력을 가진 사람들이 모여 산다. 같은 부류가 아닌 사람은 다른 근린주구에 산다. 근린주구별로 동그라미는 동그라미 끼리, 세모는 세모끼리, 네모는 네모끼리 모여 사는 셈이다. 이들 동그라미, 세모, 네모 근린주구 간에는 별다른 교류가 없다. 거의 모든 생활은 근린주구 안에서 이루어진다. 근린주구 단위 별로 일상생활에 필요한 모든 것을 갖추고 있기 때문이다. 일상생활을 영위하는 측면에서 보면 특별한 경우를 제외하고는 다른 근린주구를 방문할 필요가 없다.

근린주구의 집합으로 이루어지는 도시를 드나들 때에 도시에서 근린주구로 직접 들고 나게 된다. 중간 영역이란 없다. 단순하고 명쾌하다. 이런 도시 공간 구조에서는 동그라미는 동그라미끼리, 세모는 세모끼리, 네모는 네모끼리 어울리며 산다. 서울 대치동 아이들은 대치동 아이들끼리만 산다. 서울 신림동 아이들은 신림동 아이들끼리만 산다. 모든 사람이 다 자기들과 같다고 생각한다. 자기와 다르게 사는 사람들이 있는 줄도 모르고 살아간다.

대부분의 뉴타운 아이들은 대학에 들어가서야 자기 집에서 멀리 떨어진 공간과 구성원을 밀접하게 접하게 된다. 그 전까지는 다른 부류 혹은 계층의 사람이 있다는 것을 제대로 체험하지 못하고 산다. 경험이 있다면 그저 텔레비젼를 통한 간접경험이 전부이다. 몸으로 알고 배우게 되는 것은 아니다.

동그라미, 세모, 네모가 함께 사는 셋방과 마을에서 부모는 다른 사람과 어울려 사는 법을 체득한다. 그 다름이 그저 다른 경우도 있고 또 어떤 때는 불평등한 경우도 있다. 공간구조가 그리 만든다. 셋방살이를 하지 않았다면 모르고 살았을 수도 있다. 마을의 구조가 그렇지 않았다면 그러지 않았을 수도 있다.

자식은 전혀 다른 구조를 가진 공간에 산다. 셋방 대신에 다세대 주택에 산다. 동그라미와 세모와 네모가 뒤섞일 수밖에 없는 도시공간구조 대신에 끼리끼리만 모여 사는 도시공간에 산다. 부모는 넓은 세상 안에서 불평등에 익숙한 사람이고 자식은 좁은 세상에서 평등에 익숙한 사람이다.

자식이 이해하기 어렵고 싫어하는 부모의 속성 중 많은 부분이 바로 그 불평등에 익숙한 모습에서 나온다. 뉴타운의 다세대 주택에서 사는 자식은 그 불평등이 좋은 것은 아니지만 피할 수 없는 것이라는 걸 알 길이 없다. 부모는 변명을 하고 싶지만 얼굴이 뜨거워져서 그리 못한다. 부모는 자식이 그런 걸 차라리 모르는 편이 낫겠다 생각한다.

부모의 유년 기행

5. 나뭇가지형 길 vs. 격자형 도로

길에서 놀다 vs. 길을 지나가다

'길'이라는 명사에 동사를 붙여서 사용해보자. 어떤 이들에게 길은 '묻다', '찾다', '걸어가다', '잃다'와 같은 동사와 함께 사용된다. 다른 어떤 이들은 좀 다르게 사용한다. 길에서 '만나다', '이야기하다', '쉬다', '놀다'와 같은 동사를 길과 함께 사용한다. 전자에게 길은 동사의 목적을 달성하기 위한 과정이다. 반면에 후자에게 길은 목적을 달성하는 장소가 된다. 전자에게 길은 그 자체로서는 의미가 없다. 극복해야 하는 현재의 물리적 한계다. 목적을 달성하기 위해서는 빨리 목적하는 장소에 도달해야만 한다. 이런 길을 지날 때라면 가장 필요한 것은 속도다.

만나다, 이야기하다, 쉬다, 놀다와 함께 하는 길에서는 길 자체가 목적하는 행위가 일어나는 장소다. 그런 곳에서라면 속도는 별로 중요하지 않다. 때로는 속도가 느려져서 머무르는 시간이 길면 길수록 좋기도 하다.

속도가 중요한 길은 그저 지나쳐 통과하는 자식의 뉴타운 길이고 머물기를 마다하지 않는 부모의 길은 마을의 길이다. 이들에게 이런 차이를 만든 것은 비단 그들의 일상생활이 달라서만은 아니다. 그들이 살고 있는 건축 도시 공간의 물리적 구조가 좀 더 근본적인 차원에서 그런 차이를 만든다. 뉴타운의 길이 자식을 정신없이 목적지를 향해 달려가게 한다면, 마을의 길은 부모로 하여금 머물러 놀게, 쉬게 한다는 의미다.

길에 대해 얘기하기 전에 그보다 더 단순한 예를 살펴보자. 건물에 부속되는 마당이 좋은 예가 될 수 있다. 어떤 지역에서는 마당에 높은 담장을 둘러치고 외부인의 접근을 철저하게 차단한다. 또 다른 지역에서는 담장을 개방해서 담장 밖 사람에게 너무 박절하게 하지 않는 경우도 있다. 두 지역에서 모두 담장은 그 고유의 역할을 한다. 안쪽을 바깥쪽으로부터 분리해 내고 안 쪽을 보호한다. 하지만 같은 것은 거기까지다. 한쪽은 철저하게 타인을 배제하는 형태, 즉 높고 불투명하고 견고한 형태를 취한다. 또 다른 한편은 그와는 반대로 낮고 투명하고 별로 견고하지 않아서 마음먹기에 따라서는 언제라도 들어갈 수 있는 그런 형태를 택하기도 한다. 필요한 기능을 수행할 수 있는 다양한 방법 중에서 사람들은 다양하게 선택한다. 사람마다 처지가 다르고 또한 좋아하는 것이 다를 수 있기 때문이다. 길을 만들 때도 마찬가지다.

블록 담장

사립문 담장

선택에 차이가 생기는 것은 크게 보면 역시 자연적 조건과 문화적 여건의 차이다. 자연적 조건으로는 기후나 자연지형, 건설 재료가 가장 중요하다. 문화적 여건은 당시 사회가 지향하는 방향에 대한 합의 같은 것이다. 이런 자연적 조건과 문화적 여건의 차이가 마을길과 뉴타운 도로를 만들어 낸다.

나는 중국 청화대학교에서 학생들을 지도할 때 자연적 조건의 차이가 얼마나 큰 차이인 지를 실감했다. 한국이나 중국이나 모더니즘에 기반을 둔 대동소이한 건축설계 방법론을 가르치고 있고 또한 콘크리트와 유리를 주요 재료로 사용하기는 마찬가지이다. 그런데도 한국 학생과 중국 학생의 설계 경향에는 누가 보아도 부인하지 못할 뚜렷한 차이가 보인다. 한국 학생과 중국 학생의 설계 경향에서 차이가 두드러지게 나타나는 것은 배치단계에서다.

중국 학생들 작품에서 나타나는 주요한 특징은 설계안의 대칭성이다. 중국 학생들 작품은 누구라 할 것 없이 극단적인 대칭형상을 선호한다. 그런데 그게 우리 한국 사람들의 눈에는 어색하다. 건물이나 건물이 모인 군집이라는 게 아주 분명하게 드러나는 주축선을 중심으로 좌우에 똑 같은 형상과 크기의 건물이 배치되는 것은 어색하다. 한국적 정서에서는 오히려 주축선이 좀 어긋나고 좌우에 배치되는 건물이 크기나 형상이 조금씩 다른 것이 더 자연스럽다. 주택을 예로 들어 비교해 보자.

중국의 사합원은 극단적인 좌우대칭이다. 주축선을 가운데에 두고 양쪽이 한 치의 틀림이 없다. 반면에 한국의 주택은 어떠한가? 주축선이라는 것도 굳이 찾아보자니 그런가 보다 싶지 좌우의 무게를 달아 볼 만한 뚜렷한 중앙선도 없다. 한국의 주택에서는 주축선을 중심으로 좌우 대칭이 어긋난다고 말할 수 없을 정도로 좌우 대칭의 규칙성이 배제되어 있다.

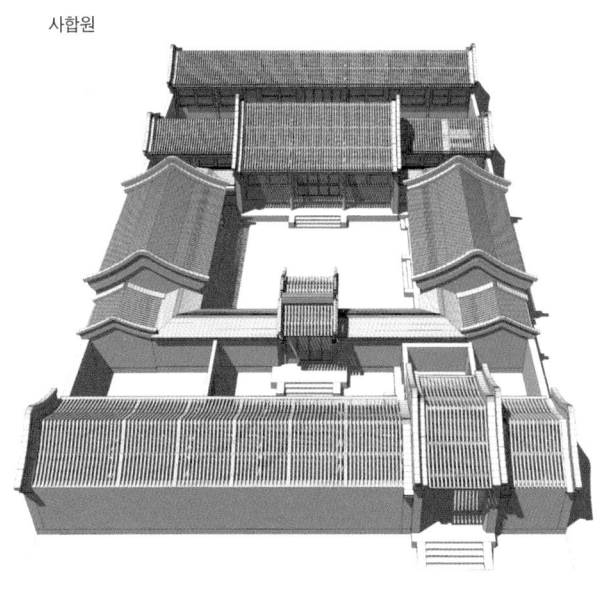

사합원

입장을 바꾸어 생각해보면 중국 사람들에게는 어긋난 주축선과 좌우 불균형한 건물 배치가 매우 어색할 수 있다. 보통 자연스러움과 어색함은 친숙성에 따라 좌우된다. 한국의 자연 지형을 살펴보자. 대부분 구릉지다. 넓고 평평한 개활지는 찾아보기 힘들다. 구릉지와 같은 지형에서 주축선을 바르게 만들고 좌우에 똑같은 형상과 크기의 건물군을 배치한다는 것은 용이한 일이 아니다. 구릉의 형태에 맞추어서 주축선을 자연스럽게 굽이치게 하고 주축선 양 쪽에 집짓기에 적당한 터의 크기와 형상에 차이가 있을 터이니 그에 맞추어 건물을 배치하는 것이 더 자연스럽다.

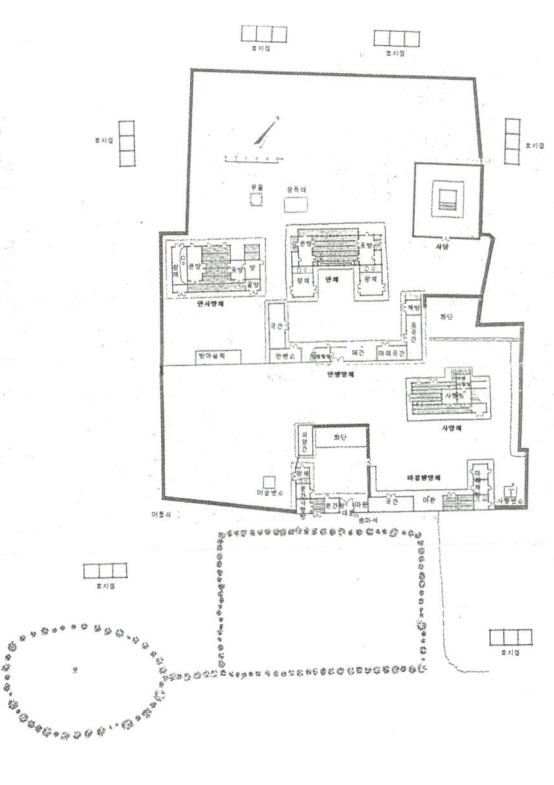

김동수 가옥

중국에는 넓고 평평한 땅이 많다. 그들에겐 주축선을 굽이치게 하는 것이 더 품이 많이 드는 일이다. 그냥 곧바르게 하는 것이 자연스럽다. 주축선을 중심으로 양 쪽에 넓고 평평한 땅이 필요한 만큼 있으니 굳이 양 쪽의 건물을 다르게 배치할 이유도 없다. 중국인에게는 대칭이 자연스러운 것이고 한국인에게는 비대칭이 자연스러운 것이다.

부모의 마을과 자식의 뉴타운은 처지가 다르다. 한국과 중국의 지형 차이 같은 것이 존재한다. 부모의 마을은 구릉지에 존재한다. 이런 곳에 길을 내자면 격자형 길을 내는 것은 부적절하다. 길은 높고 낮은 지형 사이를 휘감으며 뻗어 나가야 한다. 이 방식이 분명 효율적이다. 길을 건설한다는 측면에서 뿐만 아니라 길을 사용하는 측면에서도 마찬가지다. 구릉지에 격자형의 길을 올리면 가파른 고개가 여기저기 생긴다. 이런 길은 사람이 걷기에도 불편하지만 차량 통행에도 부적절하다.

성남의 길

우리나라에서는 경기도 성남에 가면 이런 무리한 길을 볼 수 있다. 미국에도 이런 길이 있다. 샌프란시스코를 여행한 적이 있는 사람이라면 가파른 고갯길을 기억해 낼 수 있을 것이다. 관광객 입장에서야 특별한 광경일 수도 있겠고, 사는 사람들도 워낙이 그런 것이려니 하고 살아서 크게 불편함을 느끼지 않는다. 오히려 그런 지형을 거스르는 길이 관광의 명소가 되기도 한다. 하지만 그런 길이 만들 때나 사용할 때나 불편하다는 것은 분명하다.

부모가 사는 마을의 길은 구불구불하다는 것만이 특징은 아니다. 더 중요한 게 있다. 그것은 구불구불한 길을 따라 가다 보면 그 길이 좁아지면서 결국은 막다른 곳에 도달하게 된다는 것이다. 나뭇

샌프란시스코의 길

가지를 연상해 보면 이 길의 구조를 알 수 있다. 나뭇가지의 밑동에서 시작해보자. 굵은 가지를 따라 위로 올라가다 보면 가지가 갈라지고 갈라진 가지들은 아래쪽 가지들 보다 상대적으로 가늘다. 가지의 위쪽으로 올라갈 때마다 동일한 구조가 반복된다. 가지가 갈라지고 굵기가 가늘어지는 구조, 이런 구조는 결국 단 하나의 줄기가 존재하는 것으로 끝이 난다. 이게 부모가 사는 마을길의 구조다.

나뭇가지형 길

마을의 길은 나뭇가지 형태와 유사하다 하여 나뭇가지형이라고 부른다.

마을의 길이 나뭇가지형이 되기 위해서는 구릉지가 많다는 자연적 조건 이외에 한 가지가 더 필요하다. 구릉지라는 자연조건만이 작용한다면 곡선이기는 해도 전체적으로 격자형의 도로망을 유지할 수 있을 것이다. 마을의 길에는 선택 조건으로 문화적 여건이 작용한다. 마을에 적용된 문화적 조건은 풍수지리다. 풍수지리란 말 그대로 바람과 물의 이점을 잘 활용하자는 것이다. 그리하기 위해서는 여러 가지 세부적인 방법들이 있겠지만 가장 중요한 것은 집이든 도시든 배산임수의 터를 찾아야 한다는 것이다. 뒤쪽으로 산을 두고 앞쪽으로 물이 있어야 한다. 이런 지세를 다시 설명하자면 뒤가 높고 앞이 낮은 지형에서 뒤쪽에는 산이 둘러쳐 있고 앞쪽으로는 물길이 흘러야 한다. 이런 지형에 구불거리는 길을 얹으면 그 길은 구불거리면서 뒤쪽 산으로 올라가다가 구릉을 만나면 갈라지고 다시 산으로 올라가다가 또 갈라지고 그러기를 반복하다 결국 산중턱 어디선가 멈추게 된다. 산기슭에 나뭇가지를 올려놓은 형상이 완성된다. 이게 바로 마을길의 구조다.

자식이 사는 뉴타운의 길은 어떻게 만들어 지는가? 부모가 살던 땅에 자식도 사는 것이니 자연 환경이 크게 달라질 것은 없다. 그런데 사용할 수 있는 기술이 달라졌다. 현대 기술 앞에 나지막한 구릉지 정도는 큰 문제가 되지 않는다. 굴착기를 이용해서 높은 곳은 깎아내고 낮은 곳은 메우면 된다. 그러면 억지로라도 중국에서와 같은 평지를 만들어 낼 수 있다. 이렇게 해서 평지를 얻게 되면 구불거리는 길은 더 이상 필요 없다. 필요 없다라기보다는 그렇게 해서는 안 된다. 구불거릴 이유가 없어진 것이다.

뉴타운을 건설할 때 구불거리는 길이 더 이상 필요하지 않다는 것이 나뭇가지형이 되어서는 안 될 이유까지도 충족할 수 있는 것은 아니다. 굴착기로 밀어 붙여 만든 인공 자연에 이제 사회적 합의라는 중요한 조미료가 첨가되어야 나뭇가지형이 아닌 격자형 도로망이 탄생한다.

굴착기가 무한 허용되는 현대적 도시계획에서는 다양한 가능성 중에서 어느 하나를 선택하는 기준은 합리적이어야 하고 정량적이어야 한다. 나뭇가지형과 격자형이라는 두 가지 선택안이 있다고 해보자. 아래에서 더 자세히 얘기하겠지만 나뭇가지형 도로체계가 가지는 장점을 현대 도시계획가들이 모를 리가 없다. 현대 도시계획가들이 나뭇가지형을 선택하게 되는 것은 양자의 장단점을 총체적으로 비교해서 그런 것이 아니다. 나뭇가지형과 격자형 장점 중 합리적이라는 그물눈을 통과한 것 그리고 또 숫자를 이용해서 정량화할 수 있는 것만을 대상으로 한다. 이러다 보니 결국 가장 중요한 선택의 기준으로 살아남은 것은 동선의 효율이다. 즉 계획대상 지역 내에서 사람들이 원하는 이동을 실현할 때 가장 짧은 이동거리를 허락하는 도로체계를 선택한다. 그게 바로 격자형이다.

격자형의 또 다른 장점은 격자 내 거의 모든 지역이 접근성이라는 측면에서 볼 때 매우 공평하다는 것이다. 중심부와 외곽이라는 차이가 있기는 하지만 나뭇가지형 만큼 지역적인 편차를 크게 보이지는 않는다. 형식적 평등주의를 지향하는 민주주의 사회에서는 당연히 좀 더 공평한 공간구조가 선호된다. 나뭇가지형이 덜 공평하기는 하지만 전체적인 이익의 양이 클 수도 있다는 것 또한 현대 도시계획가들이 모르지 않는다. 하지만 문제는 그것이 정량화할 수 있는 이점이 아니라는 것이다.

마을과 뉴타운은 각자의 처지에 가장 잘 맞는 도로체계를 선택한 셈이다. 마을에서는 구릉지라는 자연지형에 어울리고 풍수지리라는 전통적 도시 배치 관념에 따라 나뭇가지형을 선택했다면, 뉴타운에서는 굴착기라는 현대적 기술에 의존하고 정량화할 수 있는 가치의 평등분배를 기준으로 삼아 격자형을 선택한 것이다.

나뭇가지형 길은 갈라지는 나뭇가지를 따라서 영역이 형성된다. 반면에 격자형 도로에서는 격자 전체가 하나의 영역이다. 그 안에는 작은 영역들이 존재하질 않는다. 나뭇가지형 길을 이용하는 마을에서는 길목을 같이 사용하는 나뭇가지가 하나의 영역이 되면서 하나의 동네를 형성한다. 길을 따라 걷다가 자기와 같은 방향을 선택하는 사람은 곧 한 동네 사람이다. 이런 구조에서는 누가 같은 동네에 사는 사람인지 금방 알 수 있다.

격자형 도로 체계에서는 사정이 다르다. 어느 교차로에선가 같은 방향으로 길을 잡았다고 해서 그 사람이 자기 집 근처에 사는 사람이라고 단정할 수는 없다. 게다가 같은 동네 사람이라고 말하기는 더욱 어렵다. 잠시 같은 방향을 걷고 있기는 하지만 곧 다른 목적지를 향해 갈라질 수도 있고, 무엇보다 중요한 것은 일정한 영역이 형성되어 있지 않기 때문이다.

나뭇가지형 길의 특징은 길을 따라 안으로 들어가면 갈수록 분명해진다. 안으로 들어가서 가지가 갈라질 때마다 좀 더 작은 크기의 영역이 형성된다. 처음 갈라지는 길이 큰 동네의 시작이라면 다음 번 갈라지는 곳은 작은 동네의 시작이 되며 그다음 갈라지는 곳에서는 이웃이 형성된다. 나뭇가지형 길에서는 안으로 들어가면 갈수록 더

하회마을 안길

친밀한 이웃이 동거하는 형국이 된다. 이런 식으로 나뭇가지형 길에서는 더 큰 영역에서 상대적으로 더 작은 영역으로 진입하게 된다. 다른 측면에서 보면 덜 친밀한 사람들 간의 관계에서 더 친밀한 사람들 간의 관계로 진입한다고 볼 수도 있다.

나뭇가지형 길을 따라 집으로 가는 마을 사람은 겹겹이 둘러싸인 영역을 뚫고 들어간다. 그들에겐 큰 동네라는 울타리, 작은 동네라는 울타리, 이웃사촌이라는 울타리, 그리고 급기야 자기집 울타리 안으로 진입하게 된다. 이러한 위계적이며 중첩하는 영역 구조는 사람들에게 다양한 종류의 소속감을 갖게 한다. 다양한 종류의 소속감은 다른 측면에서 보면 다양한 층위의 보호막을 갖추는 것과 동일하다. 마을에 사는 사람들은 자기 집에 도달하는 데까지 거치는 다양한 영역을 통과하면서 가장 깊숙한 곳으로 들어가는 공간감을 느낀다. 자신이 점점 더 안전한 곳으로 들어간다는 느낌을 가지기에 충분한다.

격자형 도로에서는 집으로 가는 길에 어떠한 영역도 형성되기 어렵다. 거기에는 오직 집 안과 집 밖이라는 두 가지 영역 구분이 있을 뿐이다. 사람들은 그저 밖에서 안으로 그리고 안에서 밖으로 들어가고 나올 뿐이다. 거기에는 어떠한 중간 영역도 없다. 가장 공적인 밖에서 가장 사적인 안으로 들고 날 뿐이다. 소속감은 커녕 안전하다는 느낌도 충분하게 가질 수 없다. 격자형 도로의 집은 사람의 왕래가 많은 길가에 침구를 깔고 누워 자는 듯한 느낌을 주기도 한다.

나뭇가지형 길이 격자형 도로에 비해 가지는 또 다른 특징은 나뭇가지형 길에 면하는 집들에게는 앞과 뒤라는 공간개념이 허락된다는 것이다. 반면에 격자형 도로망에서는 앞과 뒤가 없다. 앞과 뒤의 구분은 앞과 뒤가 서로 다를 때 생긴다. 나뭇가지형 길에서라면 특정 주택의 앞은 좀 더 넓은 영역을 의미하며 뒤는 작은 영역에 면하게 된다. 그뿐만 아니라 집 뒤편은 곧 막다른 골목으로 사람이 더 이상 지나갈 수 없게 된다는 특징을 가진다. 나뭇가지형 길에서 내 집 앞을 지나가는 사람은 당연히 같은 영역에 사는 사람이거나 적어도 그들을 방문하러 온 신원이 알려진 사람일 가능성이 크다.

격자형 도로체계에서는 앞과 뒤가 없다. 앞이나 뒤나 똑같기 때문이다. 더 심한 것은 내 집 앞을 지나 뒤로 가는 길이 끊이지 않고 열려 있다는 점이다. 이런 길에서 내 집 앞을 지나가는 사람은 한 동

나뭇가지형 도로의 결절점과 어린 아이들 놀이터, 그리고 평상

네 사람이 아닐 수도 있다. 그냥 지나쳐 지나가는 통과 동선이 형성된다. 내 집의 앞과 뒤를 전혀 모르는 타인이 아무런 거리낌이 없이 왕래할 수 있다. 범죄 발생의 가능성이 그만큼 클 수 있다. 이것은 나뭇가지형과 격자형 간에는 그만큼 확보할 수 있는 안전감에서 차이가 있을 수밖에 없음을 의미한다.

나뭇가지형 길에서 통과 동선이 배제될 수 있다는 것은 생각보다 큰 힘을 발휘한다. 길이 그저 지나다니는 동선이 아니라 머물러서 뭔가 다른 일을 할 수 있는 기회를 제공한다. 그 길에서는 아는 사람을 만나는 것이 다반사이고 얘기를 나누는 것도 자연스럽다. 아이들이 길가 한편에서 놀이를 할 수도 있다. 어른들은 길 폭이 넓어지는 길목에 평상을 놔두고 휴식공간으로 사용하기도 한다. 이런 일들이 가능한 것은 통과 동선 역할이 그렇게 중요하지 않기 때문이고 그런 이유로 이동 흐름의 속도가 느려지기 때문이다. 이동의 속도가 느리다는 것은 필요하다면 길을 차지하고 있다가도 한편으로 비켜서서 다른 이의 통행을 위해 공간을 내어줄 수도 있다는 것을 의미한다. 길이 구불구불하다는 것도 한몫 한다. 놀이판을 벌이든 평상에 앉아 있든 이 모든 머무르는 행위가 가능한 것은 이런 행위를 살짝 감출 수 있는 그 구불구불한 길의 형상 덕분이기도 하다.

나뭇가가지형 길이 그저 지나치는 통로가 아니라 머무름을 허용하면서 뭔가 다른 역할을 할 수 있는 것은 나뭇가지가 갈라지는 곳에서 더 두드러진다. 나뭇가지가 갈라지는 곳은 반대 방향에서 보자면 길이 만나는 곳이다. 이런 곳에는 여지없이 공터가 생기게 마련이다. 이런 곳은 아이들에게는 놀이터가 되기도 하고, 어른들에게는 평상이라도 하나 깔기에 부족함이 없는 자리가 된다.

격자형 도로 체계에서는 얼마나 빨리 이동할 수 있느냐가 관건이다. 동선의 속도를 방해할 만한 어떤 행동도 비난 받을 짓이 된다. 또한 격자형 도로체계에서는 길과 길이 만나는 곳에 여유를 부릴만

뉴타운 편의점 앞 파라솔

한 공터가 생기지도 않는다. 교차점에서 조차도 머물러 뭔가를 하는 여유를 부리게 놔두질 않는다. 그저 끊임없이 움직여야만 한다.

뉴타운 편의점 앞 파라솔 아래 맥주를 마시는 아버지의 모습은(이런 모습은 어머니들한테는 거의 나타나지 않는다) 자식에게는 낯

설 수밖에 없다. 그런 아버지의 모습이 초라하게 보일 수도 있다. 격자형 길가 편의점 앞 파라솔은 그저 잠시만 머무르는 공간이기 때문이다. 길에 대한 생각이 달라서 벌어지는 일이다. 아버지는 격자형 길에서도 여전히 마을의 길을 생각한다. 아버지는 길이 잘못된 거라고 생각하지, 자신이 잘못하고 있는 것이라고 생각하지 못한다.

6. 조양문 vs. 조양문

조양문에서 놀다 vs. 조양문을 바라보다

근래 들어 도시개발 사업에서 가장 번거로운 일은 사업 부지에서 매장문화재조사를 실시해야 한다는 것이다. 사업의 규모가 일정 정도 이상이 되면 어디든 이런 조사를 실시한다. 매장문화재조사란 건물을 짓고자 하는 땅 아래에 옛날 유물이나 유적이 있는지를 조사하는 작업이다. 조사는 대개 세 단계로 이루어진다. 우선 지표 조사를 실시한다. 말 그대로 땅의 표면을 살펴보는 작업이다. 이 단계에서 매장문화재의 유무를 나름대로 판단한다. 매장문화재가 있을 가능성이 인정되면 두 번째 단계인 시굴조사를 실시하고 그렇지 않으면 바로 공사를 시작할 수 있다. 하지만 그런 행운은 흔치 않다. 대개는 시굴 조사를 실시한다.

시굴조사는 조사 대상 지역의 일부에 생토층이 드러날 정도의 깊이로 고랑을 파서 유물이나 유적이 있는지를 조사한다. 이 단계에서 유물이나 유적이 나오지 않으면 다행이다. 유물이나 유적이 나오면 더 깊이, 더 넓게 파야한다. 이것이 세 번째 단계인 발굴조사다. 이리 되면 사업 일정이 지연되는 것은 물론이고 역사적으로 중요한 유물, 유적이라도 나오는 날에는 사업이 불가능해질 수도 있다.

매장문화재조사 결과 보전 가치가 인정되는 유적이 나오게 되면 그것은 반드시 보전해야 한다. 유적 주위로 경계선을 확보하고 경계선 안쪽에서는 유적 보전을 위해 필요한 행위 이외에는 어떠한 행위도 허락되지 않는다. 유적지는 굴토되어서 지상으로 노출시키고 때로는 보호각을 세워 유적을 보호한다. 유적 둘레의 경계에는 시선은 통하지만 접근은 엄금하는 철책이 둘러진다. 그리고 철책 한편에 그 안에 들어있는 유적이 무엇인지를 설명해 주는 안내판을 붙인다. 유적은 철저히 보호된다. 이제 사람들은 유적이 거기 있다는 정도는 알 수 있지만 유적은 사람들로부터 철저히 격리된다. 유적은 보전되지만 사람들과의 인연은 끊어진 채 격리된다. 차라리 땅 속에 묻혀 있었을 때가 나을지도 모르겠다.

이것은 뉴타운 사업이 실시되는 곳마다 벌어지는 현상이다. 우리 땅의 역사를 기록하고 있는 유적지는 발굴되고 보호되고 격리되고 그다음은 잊혀진다. 이런 현상은 발굴로 인해서 땅속에서 출토된 유적지에만 한정되지 않는다. 사업지 내에 보호해야 할 가치가 있는 지상 문화재가 있다면 그것도 유사한 방식으로 보호된다.

문화재로부터 일정 반경에 해당하는 보호구역을 만든다. 이 안에서는 문화재의 처마 쯤 되는 높이에서부터 일정한 앙각 이상으로는 올라가지 못하도록 건물의 높이를 제한한다. 문화재 인근에는 유적지에서와 마찬가지로 철책을 둘러친다. 시선은 통과할 수 있게 한다. 이런 식으로는 쳐다볼 수는 있지만 가까이 가서 몸으로 느껴 볼 기회는 더 이상 기대할 수 없게 된다.

뉴타운의 문화 유적지는 이런 식으로 보호된다. 그리고 이런 식으로 사람들의 일상생활에서 격리된다. 문화재는 그저 박제가 되고 간혹 호사가적 취미가 있는 부지런한 시민들만을 위한 눈요기 거리 이상은 되지 못한다.

뉴타운에 사는 자식은 과거의 건물과 건물터를 문화재로 이해한다. 문화재라는 이름이 붙는 순간 그것은 일반 사람들에게는 격리되어 보호되는 옛날 물건이 된다. 문화재급 쯤 되는 건물이라면 대개는 눈으로 보기에도 좋고 몸으로 체험하기에도 좋다. 문화재를 그렇게 즐길 수 있다면 자칫 지치기 쉬운 도시 속 삶을 여유롭게도 또한 풍부하게도 해줄 수 있을 것이다. 하지만 뉴타운에서 문화재는 그런 식으로 활용되지 않는다. 자식의 뉴타운에서 문화재는 값비싼 박제 취급을 받는다. 부모가 사는 마을에서 문화재는 어땠을까?

문화재에 대한 인식이 지금 같지 않았던 시절에 문화재는 특별한 보호를 받는 대상이 아니었다. 문화재 건물 마당은 잠식당해서 일상적인 생활용도로 사용되기 일쑤였다. 건물 자체도 마찬가지다.

지금처럼 꽁꽁 닫아 놓고 일반 시민의 접근을 차단하는 일은 하지 않았다. 형식적으로 문을 잠가 놓고 "들어가지 마세요." 라는 표지판을 세워 놓기도 하지만 관리자가 퇴근하는 저녁 무렵이 되면 슬쩍 들어가서 휴식을 즐기는 것은 흔한 일이었다.

과거의 조양문

충남 홍성에 소재하는 조양문의 반세기 전 쯤 과거를 살펴보자. 그 당시도 문화재로 지정되기는 했지만 지금처럼 보호되지는 않았다. 조양문 담벼락에 붙어서 일반 건물들이 연결되어 있고 문루로 올라가는 계단은 아무런 통행 제한 장치없이 노출되어 있었다. 현재의 우리 눈에 더욱 특이하게 보이는 것은 조양문을 통과하는 길이 일상적 용도로 사용되고 있다는 점이다. 조양문의 아치형 출입구를 관통하는 길이 여전히 도시의 주요 교통로로 사용된다. 차 두 대가 교행하기는 불가능할 정도로 좁은 길이지만 그런 불편에도 불구하고 일상적인 기능을 수행한다.

조양문 담벼락의 일부는 그것에 인접한 주택의 담장으로 사용된다. 문루로 올라가는 계단은 시민들의 산책로가 되고 조양문 아래 길은

현재의 조양문

도시의 중심 가로로 이용된다.

이제 현재의 조양문을 살펴보자. 문화재에 대한 관심이 높아지면서 적극적인 보존 노력을 들인 결과물이다. 우선 조양문 주위로 보호 구역을 만든 것을 볼 수 있다. 그다음엔 어김없이 철책이 나타난다. 조양문 아래를 통과하던 도로는 폐쇄되고 조양문 주위로 우회도로 가 만들어졌다. 이제 더 이상 조양문을 통과하면서 조양문에 해를 입힐 지도 모를 통과 교통은 철저하게 배제된다. 조양문 주위로 보

호구역을 만들면서 조양문 담벼락에 붙어 있던 집들은 모두 철거되었고 조양문은 원래의 형상을 그대로 드러낼 수 있게 되었다. 조양문루로 올라가는 계단에 철저하게 출입을 통제할 수 있는 장치를 설치한다. 이제 조양문은 바라 볼 수는 있으되 몸으로 체험할 수 있는 대상이 더이상 아니다.

조양문을 제대로 바라볼 수 있는 아무런 배려도 없다. 접근을 막고 보기만 하라고 했으면 볼 수 있게는 해주어야 한다. 조양문을 마주하며 걸어가면서 바라볼 수 있게 하거나 조양문 옆 어딘가에 머물러서 바라볼 수 있는 장소를 마련해 주어야 한다. 현재의 조양문 사진에서 보이는 각도를 잡으려면 지나가는 차량의 위협에 몸을 맡겨두어야 한다. 교통사고의 위험에 몸을 노출시키는 것과 같은 특별한 노력없이는 어느 누구도 사진에서 보이는 조망을 얻어갈 수 없다. 문화재로 철저하게 보호되는 조양문은 우리의 체험만을 거부하는 것이 아니라 눈으로 보고 즐기는 것조차도 하락치 않는다.

현재의 조양문이 보전되는 방식은 뉴타운의 문화재를 보호하는 방식에 일반적으로 적용된다. 과거와 달리 현재는 지역을 막론하고 모든 문화재는 이렇게 박제 상태로 보전된다.

이 땅의 문화재가 지금과 같이 바라 볼 수는 있으되 신체를 이용한 물리적 접근은 철저하게 배제하게 된 것은 우리나라가 문화재 보호 방법으로 적극적 보호 정책을 선택했기 때문이다. 문화재가 현재와 같은 방법으로 보호되는 것이 세계 어디서나 일반적으로 통용되는 정책은 아니다. 이와는 다르게 문화재의 적극적 활용을 문화재 보호 정책으로 택하는 나라도 있다.

의외로 유럽에서 그런 정책의 결과물들을 쉽게 찾아 볼 수 있다. 이들은 수 백 년 전 구조물을 일반 상업시설로 사용하기도 한다. 우리라면 수 백 년 전의 구조물을 원상대로 복원하고 철제 울타리를 두른 후 다시는 일반 시민의 접근을 허락하지 않을 것이다.

좀 더 자극적인 사례도 찾을 수 있다. 로마에 있는 성 천사의 성이

베로나 아레나

다. 원래는 로마 황제의 무덤이었던 것을 교회로 바꾸어 사용했다. 이 건물은 역사적 의미로나 건물의 건립연대로 보거나 매우 중요한 문화재임에 틀림없지만 현대 로마 사람들은 이곳을 무척 자유롭게 사용한다. 관광객이 이 건물 이곳 저곳을 빠짐없이 둘러볼 수 있는 것은 물론이려니와 심지어 때로 결혼식 피로연 같은 사적인 용도로 사용되기도 한다.

성 천사의 성

문화재 보호의 방법으로 적극적 활용을 주장하는 쪽에서 의미를 부여하는 것들 중 하나는 해당 문화재만 가치가 있고 거기에 덧붙여졌던 시설물들에는 그 어떤 가치도 없다고 할 수는 없다는 입장이다. 역사적 유물에 의도치 않은 계기에 부적절한 변형이 일어났다

하더라도 그것 역시 우리가 존중해야할 역사의 일부라는 주장이다. 이런 주장의 근간은 문화재를 활용하는 것 자체가 또 하나의 문화재를 만들어 내는 과정이 된다고 보는 것이다.

과거 조양문으로 돌아가서 생각해보자. 조양문 담벼락에 게딱지처럼 붙어 있는 집들의 존재 의미에 대한 다른 시각이다. 그런 집들을 쓰레기 치우듯 걷어 낼 수 있었던 것은 그 집들과 집주인들의 일상적 삶이 아무런 가치도 없다고 생각했기 때문일 것이다. 하지만 조금 다른 시각도 가능하다. 그 집들과 그곳의 사람들과 그리고 그들이 조양문과 함께 했던 교류의 방식이 나름 의미가 있다고 여기는 사람도 있다. 문화재의 적극적 활용을 주장하는 입장에서 보자면 문화재는 적극적으로 활용될 때 그것의 가치가 더욱 살아난다. 이런 시각에서라면 박제가 되어 실제로 사용되지 않는 문화재는 진정한 의의를 상실한다.

문화재의 적극적 활용이라는 입장에서 보면 과거 조양문의 보존방식을 그리 나쁘다고만 할 수 없을 것 같다. 현재 조양문 보존 방식을 옳다고 생각한다면 과거의 방식은 몰상식하다고 할 수도 있겠지만 그게 다는 아니다. 과거의 조양문, 좀더 폭넓게 보자면 부모의 마을에서 벌어졌던 문화재 이용 행태는 문화재의 적극적 활용과 크게 다를 것이 없다.

부모의 마을에서 문화재는 시각적으로 즐기는 대상만이 아니다. 다가설 수도 있고 원래의 기능대로 이용할 수도 있다. 때로는 마을 사람들을 위한 공동 휴식처로 사용되는 일도 가능하다. 이곳에서 문화재는 마을 사람들과 같이 호흡하면서 살아있는 대상이 된다.

문화재는 역사적 존재로서 상징적 의미를 가진다. 그뿐 아니라 도시의 랜드마크로도 작용한다. 이로써 문화재는 주민들이 생각과 경험을 공유할 수 있는 기회를 제공한다. 문제는 그런 기회를 활용할 것이냐 말 것이냐이다.

마을에서 유년기를 보낸 부모는 조양문에 대해서 할 말이 많다. 조양문 아래를 지나다가 차와 마주치기라도 하면 벽 쪽에 몸을 웅크려 붙여야 했다고. 해가 뉘엿해지는 시간이면 조양문루로 올라가 시내를 바라봤다고. 주변에 높은 건물이 없던 그 시절을 생각해보면 조양문에서 내려다 볼 수 있는 경관은 아주 특별한 경험이었을 것이다. 혹은 조양문 담벼락을 자기 집 담장으로 사용했던 집에 살았던 사람이라면 조양문의 기억은 더욱 특별할 것이다. 마을 사람 누구나 다 조양문에 얽힌 자신들의 특별한 추억에 대해 얘기한다. 사실 그 특별함은 모든 사람이 함께 공유하는 추억이다.

해외여행을 다녀온 사람들은 자신의 여행 추억담을 꺼내기 좋아한다. 특히 남들이 가보지 못한 곳이라면 더욱 그렇다. 남들도 다 가본 곳이라면 그곳에서 자신만의 특별한 발견이나 경험을 자랑하고 싶어 한다. 누군가 나도 봤고 나도 해본 것이라고 말하면 흥은 반감된다. 나만의 추억이어야 한다. 마을을 살아온 사람들도 자신만의 경험을 얘기하기 좋아한다. 그런데 차이가 있다. 나만의 경험이 다른 이의 경험과 같은 것임을 발견하는 순간 기쁨은 배가 된다. "당신도 그랬군요." 추억을 공유하는 친구를 만나는 순간이다. 이 순간의 기쁨은 공동체 의식 같은 것이다.

뉴타운의 자식은 그곳에 있는 문화재에 대해서 할 말이 많을까? 그저 바라보기만 했다고 말할밖에. 문화재와 상호 작용을 일으킬 만한 어떤 행위도 허락하지 않는 문화재를 두고 무슨 기억할 만한 추억거리가 있을 수 있겠는가. 이쯤 되면 문화재는 있으나 마나 한 존재다. 존재 가치에 대해 의문을 가진다 한들 하나도 이상할 것이 없다.

부모가 마을이라는 공동체의 일원이라는 의식을 강하게 가질 수 있던 데는 어느 정도 문화재와 소통이 유의미하게 작용했을 것이다. 문화재는 그 마을에서 볼 수 있는 특별한 것이었기에 누구나가 인지하는 대상이었기 때문이고, 마을 사람들은 그것과의 소통을 통해서 공유할 만한 기억을 만들 기회를 누구나가 가질 수 있었기 때문이다.

"이 동네에서 김OO을 모르면 간첩이지." 라는 말을 기억하는가? 김OO을 안다면 그는 마을 사람이다. 뉴타운에서는 이런 말을 하지 않는다. 뉴타운에서는 김OO라는 사람을 아는 게 더 이상하다.

한 동네 사람인지를 테스트하는 위와 같은 말은 살짝 바꾸어서 이렇게도 사용할 수 있다. 우연히 만난 누군가에게 "김OO을 아시나

요?"라고. 안다고 하는 순간 갑자기 같은 마을 사람이라는 의식이 생겨난다. 생판 모르던 사람과 공동체 의식을 형성하는데 걸리는 시간은 단 1초도 걸리지 않는다. 그런데 '김○○'은 사람일 수도 있고 장소일 수도 있다. 문화재는 이런 장소로서의 역할을 한다. 혹시 이들이 타지에서 조우한 홍성 사람이라면 이들은 "조양문 아시지요?"라고 물었을 것이다. 그러면 답은 대개는 이런 모양이 된다. "아다뿐입니까. 거기 올라가서 놀기도 했지요." 그리고 이렇게 덧붙일지도 모른다. "지금은 올라갈 수 없게 만들어 놓았더군요."라고.

뉴타운의 문화재가 철책이라는 튼튼하고도 확고한 경계를 가지는 영역이 되어 가는 만큼 그것의 역할과 의미도 그 영역 안에 갇혀 버리고 만다. 부모의 마을에 있었던 문화재는 그것과 일반 건물 사이의 불명확한 경계 만큼이나 모호한 영역을 형성한다. 그 모호함은 때로 자신의 영역을 아주 멀리까지 확장할 수 있는 기회가 되기도 한다. 일반 시민의 일상과 긴밀하게 얽혀있는 문화재는 물리적 거리를 넘어서 그 문화재와 함께 벌어지는 사건들로 드넓은 영역을 만든다. 그리고 그 영역 안에 함께 들어 있는 사람들 간에 공동체 의식을 공유할 수 있게 해준다.

과거의 조양문의 부모는 조양문에 올라서 자신의 부모도 이곳에 올랐을 것이라고 생각할 것이며, 자신의 자식도 언젠가는 자신처럼 이곳에 오를 것이라고 생각한다. 조양문은 부모와 자식, 그리고 그의 자식을 이어주는 매개 역할을 한다. 조양문은 한 개인의 공간적 확장과 시간적 확장을 가능하게 해준다.

뉴타운의 자식이 누군가와 함께 있다는 의식, 즉 공동체 의식을 느끼기 위해서는 동호회를 쫓아다니고 소셜네트워크에 매달려 있어야만 한다. 부모의 마을에서 유년의 부모는 문화재와 함께 호흡하는 것만으로도 그것이, 그리고 그것보다 더 한 것이 가능했다. 자식은 소셜네트워크에 저장된 과거의 통신 기록으로 누군가와 함께 있었다는 기억을 확인한다. 그리고 앞으로 외로워지지 않게 누군가와 같이 있을 수 있다는 희망까지도 소셜네트워크에 걸고 산다.

마을의 부모에겐 조양문에 과거의 경험이, 현재의 의식이, 그리고 미래에 대한 믿음이 엉겨있다. 믿음의 대상으로서 견고함이라는 측면에서 보자면 조양문이 나은 듯 싶다. 하지만 그건 그냥 시각적 견고함에 지나지 않을지 모른다. 소셜네트워크에는 나름의 견고함이 별도로 존재한다. 그것이 자식의 눈에는 보이고, 부모의 눈에는 보이지 않을 뿐이다.

7. 공터 vs. 데드 스페이스

남겨둔 공간 vs. 버려진 공간

건축학과 학생들의 수업 시간은 좀 색다르다. 학생들은 지난 수업 시간 이후에 발전시킨 자신의 아이디어를 도면으로 그려 와서 교수의 크리틱을 받는다. 어떤 이들은 크리틱이라는 말 대신에 품평이란 말을 쓰기도 한다. 국어사랑운동의 영향이 여기서도 보인다. 그렇지만 대개는 크리틱이라는 단어를 더 좋아한다. 품평이라는 말에는 학생의 설계안이 얼마나 잘 되어 있는지를 일방적으로 평가한다는 의미가 강하다고 생각하기 때문이다.

크리틱은 품평이란 단어에 비해서 학생 설계안의 잘 된 부분에 대해서도 적극적으로 언급한다는 면에서 볼 때 의미가 좀더 포괄적이다. 더 중요한 것은 크리틱은 양방향 행위라는 점이다. 품평이 설교에 가깝다면 크리틱은 토론에 가깝다. 아무리 교수가 이런 저런 점이 나쁘다고 해도 학생들에게는 그것을 적극적으로 방어할 기회가 열려있다.

설계에는 꼭 하나의 정답만이 있는 것이 아니다. 여러 개의 해답이 동시에 존재할 수 있고 또 그들 간에 우열의 차이를 밝히기가 어려운 경우도 많다. 이럴 때는 대체로 최초의 목적을 달성하기 위해 사용하고 있는 컨셉과의 부합 정도를 판단 기준으로 사용하는 경우가 많다.

요즘 학생들은 교수의 문제 제기에 아주 적극적으로 대응한다. 어느 모로 보나 '틀린' 설계안인 것 같아 보이지만 학생이 그것조차도 자신의 컨셉이라고 주장하기도 한다. 이런 상황에서는 교수도 자신의 문제 제기가 타당하다는 것을 학생이 인정할 수 있는 수준으로 증명하기가 쉽지 않다. 그렇다 보니 크리틱은 언쟁으로 이어지기도 한다. 학생 입장에서 보자면 마지못해 인정하는 분위기가 만들어지기도 하고 교수와 학생 간에 마음 속 앙금이 남기도 한다.

이렇듯 설계 크리틱에서는 그 본질적 속성상 칼로 무 자르듯 누구나 공감할 수 있는 평가를 하기가 어렵다. 하지만 그렇지 않은 경우도 있다. 누구든지 공감할 수밖에 없는 질적 판단이 있을 수 있다는 얘기다. 현대 건축설계에는 누구도 이견을 낼 수 없는 절대적인 평가 기준이 두 가지가 있다. 하나는 동선의 효율이다. 특정 장소에서 또 다른 특정 장소로 이동할 때 동선의 길이가 짧을수록 좋다고 평가한다. 두 번째는 공간의 효율이다. 공간은 필요한 행동을 수용할 수 있을 만큼만 제공되어야 한다. 필요한 행동을 수용하는 것 이상으로 공간이 제공되면 비판의 대상이 된다. 학생 작품을 크리틱할 때 이 두 가지가 가장 치명적이다. 이런 류의 문제 제기에는 설계자의 컨셉을 내세워 방어하는 일이 쉽지 않다.

크리틱의 절대적 기준으로 사용되는 두 가지 원칙 중 공간의 효율에 대해 얘기해 보자. 필요하다고 판단되는 면적 기준을 벗어나서 제공되는 공간에 우리는 '데드 스페이스'라는 이름을 붙인다. 글자만으로 보면 죽은 공간이라는 뜻이 되는데, 사용되지 않는 공간이라는 뜻이다. 현대의 건축 도시 설계에서는 '데드 스페이스'를 철저하게 배제시켜야 한다.

서울 원서동에 있는 구 공간 사옥(아라리오 뮤지엄)을 보면 이 두 가지 원칙이 얼마나 철저하게 지켜지는 지 알 수 있다. 각각의 방들은 업무에 필요한 공간만이 빠듯하게 제공되고 있음을 볼 수 있다. 방을 연결하는 통로에서는 그런 원칙이 더 명확하게 드러난다. 어찌 보면 좁다 싶을 정도의 폭과 키가 큰 사람에게는 부담스러울 정도로 낮은 천장이 그렇다.

방의 크기를 가로 세로로 한 자 정도를 키우고, 복도의 폭과 높이를 반 자 정도만 늘려도 넉넉한 느낌이 들만도 하다. 구 공간 사옥이 자리 잡고 있는 부지의 형상이나 크기가 이런 정도의 여유를 허락하지 못할 만큼 빡빡한 것도 아니다. 이런 조건을 놓고 보면 구 공간 사옥의 빡듯한 치수는 명백한 선택이다. 왜 구 공간 사옥은 넉넉

구 공간 사옥(아라리오 뮤지엄)

한 여유를 철저하게 배제하고 있는가?

구 공간 사옥은 흔히 말하는 모더니즘의 대표적인 건물이다. 건축에서 모더니즘은 국제주의 양식이라는 이름으로 불리기도 하고 한편 기능주의라고 불리기도 한다. 국제주의 양식이란 이름은 전 세계적으로 사용된 건축양식이기 때문이다. 기능주의라는 이름은 건축에서 흔히 사용해 왔던 장식을 철저히 배제하고 필요한 기능을 충족시키는데 최고의 가치를 두었기 때문이다. 그런데 여기서 '기능'이 무엇을 뜻하는지 짚어볼 필요가 있다. 두 사람이 누워서 잘 수 있도록 허용하는 방이 있다면 이 방은 두 사람이 누워 자기에 필요한 기능을 수행하는 셈이다. 하지만 기능이라는 단어는 좀더 폭 넓게 사용될 수 있다. 어떤 건물이 화려한 장식을 통해서 사람들에게 감동을 주었다면 이 건물 또한 필요한 기능을 수행한 셈이 된다.

모더니즘을 기능주의라는 이름을 붙여 부를 때는 철저하게 필요한 행동이 가능하게 해준다는 측면만을 고려한 것이다. 두 사람이 자는 침실을 계획한다면 잠자는 행위를 하기 위해서 필요한 가구와 그것을 사용하기 위한 여분의 공간만이 제공되면 기능적인 것이 된다. 만약 그 이상의 공간이 제공되었다면 그 여분의 공간은 장식으로 취급된다.

모더니즘을 철학적 기반으로 받아들인 현대적 건축계획은 당연히 기능적인 것을 최우선으로 생각한다. 필요한 공간 이상의 것은 장식으로 취급되며 불필요한 군더더기가 된다. 그러한 군더더기 공간을 부를 때 사용하기 위해 고안된 단어가 '데드 스페이스'다.

뉴타운은 현대적 건축도시계획 방법론을 교육받은 건축가들에 의해 만들어진 공간이다. 당연히 이들이 적용한 건축도시계획 방법론의 근간은 기능주의라는 이름으로 대표되는 모더니즘이었다. 이들은 동선의 효율과 공간사용의 효율을 잣대로 거기서 벗어나는 모든 가치를 인정하지 않았다.

뉴타운은 도시계획 차원에서는 동선의 효율이 가장 우수하다고 알려진 격자형 도로체계를 도입했다. 건축차원에서는 공간 사용의 효율을 극대화하기 위하여 목적을 달성하기 위해 필요한 물리적 행위를 수용할 크기 이상은 절대 사용하지 않았다. 구 공간 사옥에서 그랬던 것처럼. 뉴타운에는 '데드 스페이스'란 존재하지 않는다. 뉴타운에 존재하는 어떤 공간이라도 모두 특정한 기능을 부여 받는다. 물건 사는 공간, 잠자는 공간, 놀이하는 공간 등. 이렇게 인간이 도시 생활을 영위하기 위하여 필요한 공간을 나열하고 그마다 특정 이름을 부여했다.

문제는 필요한 공간이 모두 다 나열되었는가 하는 것이다. 필요한 공간은 과거에 사용했던 공간과 현재에 소요되거나 미래에 새롭게 소요될 공간을 모아서 결정된다. 과거에 사용했던 공간은 지금처럼 구체적인 명칭이 붙여진 것이 아니다. 뿐만 아니라 하나의 공간이 두 가지 이상의 기능을 수행하기도 했다. 그러니 과거에 사용했던 공간을 완벽하게 나열하고 그들 중에서 현재와 미래를 위해 필요한 공간을 제대로 골라낼 수 있었을 것인가에 의문이 드는 것은 당연하다. 과거의 공간 중에 어떤 것들은 실제로는 필요함에도 불구하고 필요치 않은 것으로 판단되어 배제된다. 현재와 미래에 필요한 공간들도 마찬가지다. 인간이 미래를 완벽하게 예측하여 필요한 공간을 나열한다는 것이 가능한 일이겠는가.

현대의 기능주의가 보여주는 '데드 스페이스' 공포증은 결국 인간이 도시 생활을 제대로 영위하기 위해서 필요한 공간을 성급하게 배제하는 과오를 범하게 했다. 또 다른 한편으로는 이성의 합리적 활용을 통해 미래를 예측할 수 있다는 지나친 자신감은 미래에 필요하게 될지도 모를 공간을 성급하게 제거해버리는 결과를 낳았다.

과거의 '데드 스페이스'처럼 보이는 공간에 무엇이 담겨 있었는지를 현대의 건축가들이 다 알 수는 없는 일이다. 그들은 다만 동선의 효율과 공간 사용의 효율이라는 기준만으로 필요한 것과 필요하지 않은 것을 구분했을 뿐이다.

합리적 이성에 대한 과신 때문이었겠지만, 차라리 '데드 스페이스'처럼 보이는 공간에 건축가가 알지 못하는 값진 것이 있을 수 있다는 겸손한 자세를 가졌더라면 더 좋았을 일이다. '데드 스페이스'를 일부라도 남겨 놓았다면 그 안에서 과거에 가치있던 것이 그대로 담겨 계속될 수 있었을 것이며, 잘못된 예측으로 수용하지 못한 미래의 가치를 담을 여유로 사용할 수 있었을 것이다.

자식이 사는 뉴타운에서는 즉각적인 기능이 명시되지 않아 비어있는 공간처럼 보이는 것을 '데드 스페이스'라는 이름으로 마녀 사냥을 한 셈이다. 그 결과 뉴타운의 자식에게 과거의 어떤 가치와 미래의 또 어떤 가치는 바랄 수 없는 것이 되었다.

부모가 사는 마을에는 공터라는 것이 있었다. 도시 차원에서는 빈 땅으로 있었고, 건축 차원에서는 공식적으로 사용되지 않는 공간이란 형태로 존재했다. 공터는 건물이나 장치로 채워지지 않고 빈 터로 남아있는 땅이라고 생각하기 쉽다. 집터가 대표적이다. 집을 지을 만한 장소이지만 아직 집이 들어서지 않은 땅을 집터라고 부른다. 그런데 놀이터나 장터라고 하면 달라진다. 놀이터는 놀이시설이 들어설 만한 곳인데 아직 그렇게 되지 않는 장소가 아니다. 장터도 마찬가지다. 시장이 들어설 만한 그렇지만 아직 상점 건물로 채워지지 않는 장소가 아니다. 이런 곳들은 놀이를 위한 터이며, 장이 서기 위한 터이다.

마을의 공터는 이런 곳이다. 채워지지 않은 빈 곳으로 쓸모없는 땅이 아니다. 공터는 매번 필요한 기능이 채워져서 특정한 역할을 할 수 있는 장소다. 공터에 아이들이 들어가서 놀이를 하면 놀이터가 된다. 아이들은 그곳에서 땅따먹기를 할 수도 있고, '오징어 찡'을 그려 놓으면 그것을 위한 장소가 되고, '동서남북'을 그려 넣으면 또 그것을 위한 장소가 된다. 공터의 쓰임새와 변신은 무한하다. 그 무한성은 채워 넣지 않음으로써 가능해진다.

마을의 공터

어린 아이들의 놀이 장소로 사용되던 공터는 이른 아침결에는 새벽 시장으로 사용되기도 한다. 오일장을 기다리기에는 너무 멀고 상설 시장은 존재하지 않았던 시절, 공터는 급히 필요한 생필품과 식료품을 잠깐 파는 공간의 역할을 했다. 때때로 공터에서는 마을 축제가 열리기도 했다. 유랑 극단의 천막이 세워지면 공터는 축제의 장이 된다.

마을의 공터는 도시 차원에만 있는 게 아니다. 건축 차원에서도 찾을 수 있다. 전통 한옥에서라면 안채 부엌과 창고 사이의 공간이 공터와 같다. 흔히 보는 양옥집에도 그런 곳이 있다. 별채 뒤쪽이든 건넌 방 뒤편이든 좀 으슥하다고 해야 할 곳이 공터다. 이런 공간을 두리뭉실 뭉뚱그려 부르는 이름으로 '뒤꼍'이라는 단어가 있기는 하지만 구체적인 이름이 되지는 못한다.

공터라는 이름이 적당한 것은 집의 구석구석 어디든 안방, 건넌방, 안마당, 뒷마당과 같은 식으로 모두가 이름을 가지고 있지만 이곳은 그렇지 않기 때문이다. 한 가지 더, 이름 붙여진 모든 공간에는 무슨 일이 일어나는지 알 수 있지만 이곳에서는 무슨 일이 일어나는지 알기 어렵기 때문이다.

마을 안의 공터가 정해지지 않은 다양한 용도로 다양한 주체들에 의해 사용되는데 비해, 집안의 공터는 그 용도가 좀 특별하다. 그

안채 부엌과 창고 사이

집장사 집 뒤꼍

곳에서는 주로 공식적으로는 인정하기 어렵지만 사람이 살다 보면 일어날 수밖에 없는 일들이 일어난다. 전통 한옥의 부엌과 창고 사이 공간은 통로라고 보기에는 너무 넓고 무언가 본격적인 행위가 일어나기엔 좁다. 아주 애매모호한 크기이다. 그러다 보니 거기서 뭔가 특별한 행동이 일어날 것이라고 생각하기 쉽지 않다. 재밌는 것은 그러기에 거기서 뭔가 행동이 일어날 수 있다는 것이다. 거기서는 숨어서 해야 할 행동들이 일어난다. 전통 한옥의 통로 같은 마당에서는 아마도 며느리들이 모여서 시어머니 흉을 보았을지도 모를 일이다. 양옥 집 뒤꼍에서는 자식이 부모 몰래 아주 사적인 일들을 했을 것이다. 공식적으로는 인정되지 않지만 성장 과정에서 누구나가 다 하는 그런 일들이 거기서 행해졌을 것이다.

집 안의 공터는 이렇듯 주로 공식적으로 인정되지 않으나 할 수밖에 없는 일들이 행해졌다. 누군가는 차라리 그런 공간을 마련해 주는 것이 더 타당하지 않는가라고 할지도 모르겠다. 그러나 그리해서는 숨어서 하는 행위가 일어날 수 없다. 그런 공간을 만들어 주었다 치자. 그곳으로 들어가는 순간 공식적으로 인정되지 않는 일을 하러 들어간다고 공표하는 셈이 된다. 공식적으로 인정되지 않지만 할 수밖에 없는 일은 공터에서만 할 수 있다. 이것이 공터가 가지는 가장 중요한 기능이다.

마을 사람들에게 공터는 나누어 쓰는 다용도 공간이고 또한 비공식적 행동일 일어날 기회를 주는 카타르시스의 공간이 된다. 뉴타운의 공터는 '데드 스페이스'라는 이름을 얻고 더 이상 존재 불가능한 상태가 된다. 마을 사람들은 공터를 나누어 쓰면서 다양한 사람들과 더불어 사는 연습을 한다. 마을의 자식은 집안 공터에서 부모의 감시를 벗어나서 숨 쉴 수 있는 공간을 찾는다. 부모는 짐짓 모른 체 한다. 마을의 부모와 자식은 언젠가는 화해할 수 있는 기회를 가지게 해주는 완충공간을 가지는 셈이다. 뉴타운의 자식에게는 숨 쉴 공간도 없고 부모에게는 짐짓 모른 체 할 수 있는 기회도 없다. 뉴타운의 부모와 자식은 극단적 조건으로 맞부딪는다. 언젠가 서로가 화해하고 싶어도 그리하기 어렵게 만들 깊은 상처를 남기는 맨살끼리의 부딪힘이다.

8. 가족탕 vs. 찜질방

집단 프라이버시 vs. 개인 프라이버시

자신의 특징은 자기 눈으로는 보기가 어렵다. 남들 눈이 자신의 특징을 더 잘 잡아내기도 한다. 사람은 누구나 자신의 모든 것에 익숙해져 있기 때문에 자신의 눈으로는 별다르게 보이지 않는다. 자신에 속해 있는 것들 중에서 어느 하나가 일상적이지 않은 방식으로 작동하기 전이라면 특별한 관심을 끌지 않는다. 자신의 본 모습을 들여다보려면 여행을 떠나 보라는 말을 하기도 하는데 여행은 자신에 속한 모든 것들이 일상적인 방식으로만 작동할 수 없는 상황에 맞닥뜨리게 하기 때문이다.

한국사람 특징을 잡아내는 데도 마찬가지다. 때로 외국인의 눈이 더 정확할 때가 있다. 외국인의 눈으로 본 한국인, 한국 문화 중에서 독특하다고 빠뜨리지 않고 거론되는 것 중에 찜질방이 있다. 찜질방 혹은 그와 유사한 문화에 젖어 사는 한국인으로서는 찜질방이 뭐 그리 유별날까 싶겠지만 외국인에게는 그렇지 않은 모양이다. 찜질방이 외국인의 눈에 독특한 문화로 포착되고 있다면 거기엔 적어도 외국의 어떤 문화와도 구별되는 특징이 있다고 볼 수 있다.

찜질방은 사실 한국 사람에게도 특별한 공간이다. 찜질방의 특별함은 그것만이 가지는 유일한 기능으로부터 온다. 찜질방은 가족 단위 활동이 가장 두드러지는 공간이다. 여가를 즐기기 위해서 가족 단위로 나서는 행위는 다양하다. 피서철 바닷가를 찾는 것도 그렇고 겨울철 스키를 타러 나서는 것도 마찬가지다. 일일이 나열하기 힘들 정도로 많은 가족 단위 활동들이 있지만 찜질방에는 그것들과는 다른 속성들이 있다. 바닷가나 스키장은 갈 때는 같이 가지만 가서는 따로 따로 논다. 바닷가에서 부모는 파라솔을 지키고 아이들은 자기들끼리 물놀이를 즐긴다. 스키장에서도 일단 리프트를 내려오면 가족이 뭉쳐서 내려가는 일은 거의 없다. 같이 가되 따로 즐기는 공간이다.

찜질방은 가족 단위로 가서 가족 단위로 자리를 잡는다. 여기까지는 바닷가나 스키장과 유사하다. 찜질방의 특징은 그다음 단계에서 나타난다. 온 가족이 우르르 몰려다닌다. 맥반석 찜질방에서 온 가족이 나란히 누워 있다가 땀이 나고 열기에 힘이 들 즈음이면 모두 얼음방으로 몰려간다. 찜질방에서는 온 가족이 한 덩어리를 이루어 여가를 즐긴다.

찜질방에서 가족 단위로 찜질을 즐기기 위해서는 특별한 노력이 필요하다. 동시에 이러한 노력이 결실을 맺을 수 있는 공간 구조가 필요하다. 찜질방에 들어선 가족은 우선 자리를 잘 잡아야 한다. 가족을 위한 자리는 마치 간략화된 주택과 같은 기능을 한다. 가장 좋은 자리는 찜질방 내의 모든 시설을 쉽게 이용할 수 있어야 한다. 여기서 말하는 '쉽게' 라는 것은 거리가 짧아야 한다는 얘기다. 모든 시설에 다가가기까지 거리가 짧다는 것은 시설의 중앙을 의미하게 되는데 이런 자리에는 또 다른 불편함이 따른다. 이 사람 저 사람이 지나다니는 길목이다 보니 분위기가 소란스러워지기 쉽다. 불필요하게 일어나는 물리적 접촉과 다른 사람들의 시선, 그리고 그들이 내는 소음으로부터 자유롭기가 쉽지 않다. 이러다 보니 시설 사용이 좀 불편하더라도 구석에 자리를 잡는 사람들도 있다. 중앙이냐 구석이냐 하는 것은 편리함과 가족만의 공간 사이에서 선택의 문제다.

편리함을 선택한다고 해서 가족만의 공간을 포기해야만 하는 것은 아니다. 찜질방에는 사람들의 왕래가 잦을 수밖에 없는 시설의 중앙부에서도 가족만의 공간을 만들 수 있는 장치들을 여럿 고안해 놓고 있다. 두툼한 높이가 있는 돗자리가 제 일의 장치다. 돗자리를 펼침으로써 그곳이 우리 가족의 공간이라는 표시를 한다. 그런데 돗자리의 두께도 영향을 미친다. 돗자리가 얇아서 쉽게 펄럭일 수 있다면 자리 표시를 견고하게 하지 못한다. 누군가 일부러 치워 놓고서 바람에 날린 것이라고 우긴다면 딱히 그게 아니라고 하기도 쉽지 않다. 돗자리 두께가 아주 높아지면 평상과 같은 것이 된다.

이 정도 되면 가족만의 공간은 확실하게 표명되고 또한 타인의 물리적 접근을 방지할 수 있다. 하지만 찜질방에서 평상을 사용할 수는 없다. 찜질방에서는 쉽게 이동할 수 있는 한도 내에서 돗자리를 두툼한 걸 준비한다.

가족만의 공간을 만드는데 도움을 주는 또 다른 장치는 찜질방 곳곳에 놓이는 나무 둥치들이다. 돗자리의 한 면을 나무 둥치에 붙이면 사면 중에서 한 면은 확실하게 타인의 물리적, 시각적 침입을 방지할 수 있게 된다. 또 하나 가족만의 공간을 위해서 동원되는 도구는 베개다. 베개 여러 개를 모아다가 어느 정도 높이로 쌓아두면 그것도 마치 담장과 같은 역할을 한다. 여기까지가 찜질방에서 준비한 공간 장치들이다.

찜질방 이용객들은 그들이 지니고 간 소품들을 잘 이용할 줄 안다. 소품을 이리 저리 배치해 놓음으로써 자신의 영역임을 주장한다. 그 뿐만이 아니다. 소품을 잘 배치해서 다른 사람들의 통행을 교묘하게 방해하기도 한다. 이런 방법은 다른 사람들의 우연한 접근을 배제함으로써 가족 자리의 안전감을 높일 수 있다.

찜질방에서 모든 가족은 대단한 건축가다. 그들은 자기 가족을 위한 영역을 어떻게 만들어야 하는지를 알고, 통로를 어떻게 구성해야 가장 유리한지도 아주 잘 안다. 돗자리를 이용해서 영역의 경계를 확정하고, 나무 둥치와 베개를 이용해서 경계의 속성을 강화한다. 시설의 중앙부를 차지해서 동선의 효율을 높이며 소지품을 이용해서 타인의 움직임을 교묘하게 통제한다.

찜질방이 우연치 않게 제공하는 독특한 기회는 따로 있다. 가족을 위한 영역과 통로를 잘 구축해 놓은 후 가족을 위한 공간의 영역성을 강화하기 위해서 평소에 하지 않던 행동을 한다. 그 행동이란 가족을 위한 영역을 가장 견고하게 만드는 마술과 같은 힘이 있다. 그것은 바로 온 가족이 우애와 사랑으로 똘똘 뭉친 집단인 것처럼 행동하는 것이다. 집에서는 콩가루처럼 흩어지던 가족들도 찜질방에 가면 유별난 결속력을 보여준다. 다른 사람들로부터 자기 가족의 공간을 지켜내겠다는 이유로. 가족을 위한 영역 확보는 본능적인 차원의 욕구인지라 가족생활이라는 사회적 활동 중에 쌓인 불만을 압도한다.

찜질방에서 가족애는 애초에 가식으로 시작한다. 속마음으로야 그 정도의 가족애가 있을 리가 없지만 가족을 해칠 수도(불편하게 만들 수도) 있는 외부적 위협을 제거해야 한다는 본능으로부터 시작한다. 가족의 공간을 확보하는 과정에서 주고받게 되는 가식적인 가족애적 행동은 예상치 못한 위력을 발휘한다. 자식의 마음이 담기지 않은 가식적 행위라도 엄마를 감동시키기에 충분하고 엄마는 그에 대해 진심어린 가족애적 행동으로 보답한다. 항상 그렇다고는 할 수 없겠지만 가식으로 시작한 가족애가 진정한 가족애를 이끌어 낸다.

다른 한편에서 찜질방이라는 공간은 가식적 가족애를 작동시키에 필요한 기본적 공간구조와 장치를 구비하고 있다. 가족만의 공간을 만들어 낼 수 있는 대공간이 있고, 돗자리도 있고, 나무둥치도 있고, 베개도 있다. 그런데 여기서 정작 중요한 건 다른 데 있다. 그것은 바로 다른 가족들이다. 우리 가족에게 위협을 가할 수도 있는 잠재적 가해자로서 다른 가족이다. 이게 없다면 우리 가족에게 가족애가 형성될 수 있는 기회는 결코 주어지지 않는다.

뉴타운에 찜질방이 있다면 마을에는 가족탕이 있는 목욕탕이 있다. 현재 나이가 사십이 채 안 된 사람들에게는 생소할 수도 있는 공간이다. 목욕탕은 목욕을 하기 위해 제공되는 공간이다. 입장료를 지불하고 들어가 옷을 벗고 탕에 들어가 때를 불리고 작은 목욕 의자에 앉아서 때를 벗긴다. 샤워기를 틀어 흘러나오는 물로 머리를 감고 몸을 헹굴 수 있는 공간이 목욕탕이다. 옛날 부모의 마을에 있던

가족탕이 있는 목욕탕

목욕탕이다. 이곳에는 현재와 같은 사우나 기능은 없었다. 좀 전에 말한 기능이 목욕탕에서 할 수 있는 전부다.

가족탕은 대중이 같이 사용하는 탕이 아니다. 한 가족만을 위해서 제공되는 탕이다. 기능으로만 보자면 대중탕과 동일하다. 옷을 벗는 탈의실이 있고, 탕이 있고, 앉아서 때를 밀 수 있는 공간이 있고, 샤워기가 설치되어 있다. 대중탕과 차이라면 크기뿐이다.

일반적으로 마을의 목욕탕은 남녀 구분해서 각각 하나의 대중탕이 있고, 한편에 여러 개의 가족탕이 붙어있는 공간 구조를 가진다. 마을의 가족은 개별적으로 대중탕을 이용하기도 하지만 온 가족이 함께 가족탕을 이용하기도 한다. 온 가족이 한꺼번에 탈의실에 들어가 옷을 벗고 같이 탕에 들어가서 때를 불리고 모두 모여 앉아 서로의 때를 밀어준다. 샤워기를 이용해서 머리를 감고 몸을 헹구고 다시 탈의실로 나와 옷을 입으면 목욕이라는 가족 대행사가 막을 내린다.

마을에 가족탕이 있었던 것은 일차적으로는 일본 목욕 문화의 영향을 생각해볼 수 있다. 우리나라는 전통적으로 남녀 내외가 강한 편이었으니 아무리 가족이라 하더라도 한 공간에서 벌거벗는다는 것은 받아들이기 어려운 일이었을 것이다. 사실 목욕이라는 것도 일본 문화의 영향이다. 습기가 많아서 몸이 더러워지기 쉬운 일본과 달리 한국은 비교적 건조한 편이라 몸을 자주 닦을 필요가 일본보다는 덜 했다.

우리나라 사람들이 목욕을 자주 하게 된 것은 일본 문화가 도입된 이후의 일이다. 일본 목욕 문화의 도입은 목욕을 한다는 것 자체 뿐만 아니라 목욕을 하는 방법도 전해주었다. 일본에서는 가족이 한 공간에서 벌거벗고 목욕을 한다는 것이 별로 이상한 일이 아니었다. 그러니 그런 목욕 문화가 목욕탕이라는 공간을 통해서 우리에게도 전해진 것이다.

우리의 마을에 가족탕이 존재할 수 있었던 것은 일본 문화의 영향이 크긴 하지만 다른 한 편에서는 경제적인 이유도 존재한다. 가족 개개인이 대중탕을 이용하는 것보다 가족탕을 이용하는 게 저렴했기 때문이다. 다른 한편으로는 자기 손으로 때를 밀줄 모르는 아이들의 때를 밀어주기에 아주 적격이었기 때문이다. 물론 어른들도 마찬가지다. 서로 손이 안 닿는 곳의 때를 밀어줄 수도 있다.

가족탕이 존재한 이유가 어찌됐든 간에 뉴타운의 자식이 상상할 수 없는 행사 장면이다. 뉴타운의 딸 입장에서도 마찬가지다. 온 가족이 한 공간에서 벌거벗고 목욕을 한다는 것이 상상하기 쉽지 않을 것이다. 찜질방에서도 옷을 벗고 목욕을 하는 공간은 별도로 되어 있지 않은가. 개인의 프라이버시가 강화될대로 강화된 뉴타운의 사회에서 가족탕은 어불성설이다.

현대에서 '프라이버시'라 하면 개인의 프라이버시만을 생각한다. 그런데 마을의 가족탕은 프라이버시가 계층적 구조로 존재할 수 있다는 생각을 하게 해준다. 각 개인 간에 침범해서는 안 되는 내용물과 개별 집단 사이에 침범해서는 안 되는 내용물이 다르게 존재한다. 개인 단위에서 침범해서는 안 되는 것, 가족 단위에서 침범해서는 안 되는 것, 대가족 단위에서, 이웃사촌 단위에서, 더 확장해서는 동네 단위에서 침범해서는 안 되는 것들이 별개로 존재한다. 반대 방향에서 보자면 동네 사람들 간에는 허용되지 않지만 이웃사촌 간에는 허용될 수 있는 것이 있다는 뜻이다. 이웃사촌격인 사람들 간에는 허용될 수 없지만 가족 단위에는 허용될 수 있는 것이 있다. 가족탕이 주는 가장 큰 함의는 '프라이버시'를 단순히 개인적인 것만으로 규정할 수 없다는 점이다. '프라이버시'는 개인 단위에서, 가족 단위에서 그리고 그보다 좀더 집단에서 각기 다르게 계층적으로 존재할 수 있다. 뉴타운의 프라이버시는 오로지 개인적인 것과 그 이외의 것 간의 구분이다. 마을에서는 좀 다르다. 개인의 프라이버시도 있고, 가족의 프라이버시도 있고, 동네의 프라이버시도 있고, 그보다도 더 큰 영역에서의 프라이버시도 존재한다. 가족탕은 집단 프라이버시 중에서도 가족 프라이버시가 존재하고 있었다는 것을 증명한다.

뉴타운의 자식에게 가족탕이 상상할 수 없는 일이라면 부모의 마을에 찜질방은 어떨까? 마을 사람에게 찜질방은 두 가지 측면에서 어색하다. 마을에 같이 사는 사람들은 멀건 가깝건 친척이다. 피를 나눈 혈족이 아니더라도 이웃사촌이라는 말로라도 유사 친족의 범위에 들어간다. 마을 사람 모두 친척 간이다 보니 가까운 사이임에는 틀림없지만 거기엔 내외의 구분이 현대의 뉴타운과는 다르다는 것을 생각해야 한다. 갓 시집 온 새색시가 시당숙 어른과 함께 찜질방

복장을 하고 맥반석 방안에 같이 눕는다는 건 상상하기 힘든 일이다. 다른 하나는 생판 모르는 사람과 그런 복장으로 어울리며 같은 방에 눕는다는 것 또한 어색하기는 마찬가지다.

찜질방은 개인화가 점점 더 심화되어 가는 현대 사회에서 가족단위의 결합을 강화시켜주고 더 나아가서는 다른 사람들과 어울릴 수 있는 기술을 체험할 수 있는 반현대적 사회 제도처럼 보이기도 한다. 찜질방은 얼핏 보기엔 다양한 사람들이 어울려 사는 공간처럼 보이지만 실상은 그렇지 않다. 뉴타운의 자식이 생판 모르는 타인들과도 점잖지 못한 복장으로 어울려서 한 방에 벌렁 누울 수 있는 것은 그들을 정말 타인이라고 생각하기 때문이다. 나와는 아무런 관계도 없는 타인. 찜질방에서 조차 인사를 나누지 않지만 찜질방을 벗어나면 더더욱 나하고는 아무런 상관도 없는 타인. 마을 사람에겐 한 마을 안에 그리 생각할 수 있는 타인은 없다. 모두가 다 나하고 상관이 있는 사람들이다.

마을의 부모에게는 같은 마을 사람이라면 누구나 다 나와 관계있는 의미있는 사람이다. 반면에 뉴타운의 자식에겐 같은 뉴타운 사람이라도 나와는 관계없는 존재일 뿐이다. 자식은 곁에 있는 사람을 필요하다면 없는 듯, 혹은 물건처럼 생각할 수도 있지만 부모는 그렇게 하지 못한다. 부모에게는 찜질방이 어색하고 자식에게 가족탕은 상상하기도 어려운 공간이다.

9. 집성촌 vs. 부자촌

권위-순종 vs. 권력-복종

선거 때가 되면 수도권의 어느 지역에는 특정 지방 출신 사람들이 많이 모여살기 때문에 특정 정당이 유리하다는 판세 분석을 많이 접하게 된다. 실제로 서울 노원구에는 전라도에서 올라온 사람들이 많이 모여 산다. 수원에 가면 유독 충청도 말씨를 가진 사람들을 쉽게 만날 수 있다.

6, 70년대 지방 사람들의 서울 러쉬가 일어났다. 일자리를 찾아서, 자식들에게 더 나은 교육 기회를 주기 위해서 여건이 허락된다면 너나 할 것 없이 서울로 몰려들었다. 서울로 진입하는 것이 어렵다면 서울 가까운 도시로라도 이주하길 원했다.

지방에서 서울이나 서울 인근 도시로 이주를 할 때 사람들이 무작정 그리하지는 않는다. 소도 비빌 언덕이 있어야 한다는 말처럼 조금이라도 연이 있는 지역을 선택하게 된다. 일가친척 중 누군가가 미리 올라가 자리를 잡고 있다면 그 근처가 비빌 언덕이 된다. 일가친척이 없다면 이웃사촌이라도 찾아서 같은 곳으로 발길을 돌리게 되는 것이다. 조금이라도 아는 사람이 곁에 있다면 필요할 때 도움을 받을 수 있을 거라는 기대 때문이다.

잘 아는 사람끼리 모여 사는 것은 비단 6, 70년대 지방 사람들의 서울 상경 시에만 있었던 일이 아니다. 같은 성씨가 되었든 이웃사촌이 되었든 아는 사람을 찾아 떠나는 데에는 유구한 역사가 있다.

1930년대 조선총독부의 조사에 따르면 우리나라에는 약 3만개 정도의 마을이 있었고, 그중에서 절반가량이 같은 성씨들이 모여 사는 집성촌이었다. 집성촌은 조선 중기 이후에 폭발적으로 늘어났다고 본다. 당쟁이나 전란을 피해서 한 집안이 이주를 하면서 집성촌이 시작된다. 꼭 당쟁이나 전란처럼 큰일을 당하는 경우가 아니더라도 살다 보면 고향을 떠날 일이 생기게 마련이다. 한 일가의 규모가 너무 커져서 기존 집성촌에서 살기가 곤란해지는 경우도 하나의 계기가 된다.

집성촌에는 항상 입향조가 있다. 그곳에 최초로 들어 온 조상이라는 뜻이다. 입향조가 단신으로 새로운 터전에 자리 잡는 일은 극히 드물다. 입향조는 대개 자신의 직계 형제들과 함께 새로운 터전으로 이주를 한다. 이들 형제들이 대를 이어 자손을 증식하는 과정에서 집성촌이 탄생하게 된다.

집성촌은 해방과 6.25 그리고 60년대의 정치적 격변기를 거치면서 많은 수가 해체되기는 했지만 6, 70년대만 해도 적지 않은 수가 유지되고 있었다. 부모가 살던 마을이 바로 이런 집성촌일 수도 있었고 그렇지 않다면 적어도 인근에 집성촌 몇 개 정도는 존재했었다. 부모는 집성촌에 살았거나 집성촌의 존재에 대한 이해가 있었을 거라는 얘기다.

집성촌은 이름 그대로 같은 성씨를 쓰는 사람들이 모여 사는 마을이다. 같은 성씨 정도가 아니라 대략 5대 정도만 올라가도 다들 형제관계가 될 정도로 가까운 친척들이다. 마을 사람 모두가 큰아버지뻘이 되고, 모두가 조카뻘이 되는 그런 사회다. 집성촌으로 형성된 동네가 일반 동네와 다른 특별한 점이 없을 수 없다. 그러한 특별 관계는 같은 동성이라는 이유로, 즉 모두가 친척 관계를 이룬다는 인적 관계가 주된 이유가 되기도 하지만 그들이 사는 공간의 영향도 무시할 수 없다.

집성촌이라는 공간을 영역과 통로라는 측면에서 살펴보자. 대부분의 집성촌은 다른 마을과 확연하게 구분되는 경계를 가진 영역을 형성한다. 안동의 하회마을처럼 큰 물길을 울타리로 삼는 경우가 있다. 하회라는 마을 이름에서 유추해 볼 수 있듯이 이곳의 물길은 마을을 스쳐 지나가는 것이 아니라 마을을 감싸 안고 돌아 나간다. 마을은 돌아 나가는 물줄기가 만드는 자루 안에 들어 있는 형국이

하회 마을

다. 이 마을에 들어가자면 반드시 자루의 주둥이를 통과해야만 한다.

하회 마을처럼 물줄기로 울타리를 삼는 동네가 흔한 것은 아니다. 우리나라가 산지형세가 많다 보니 대부분은 산등성이를 울타리로 삼는다. 대개 마을은 자그마한 산을 등지고 양쪽으로 갈라지는 산자락을 병풍 삼아 그 안에 위치한다. 이런 구릉지 형세에서는 뒤와 양 옆은 막혀있지만 앞이 틔어 있다. 영역을 형성하는데 부족함이 있을 수 있다. 그런데 앞 쪽으로는 물줄기 하나를 갖추는 것이 보통이다. 이런 형세는 대략 풍수지리에서 말하는 배산임수의 지세다. 마을의 뒤와 양 옆으로는 산으로 경계를 삼고 앞 쪽으로는 물줄기로 울타리를 삼는다.

산자락으로 둘러싸인 마을

물줄기나 산으로 울타리를 치고 안에 들어앉은 동네는 특별한 경우가 아니라면 외부인이 들어갈 엄두를 내지 못한다. 성벽을 둘러치고 그 안에 들어앉은 임금님의 궁궐 만큼이나 튼튼한 울타리다.

집성촌은 이와 같이 물리적으로 튼튼한 경계를 가지는 것이 보통인데, 여기에 심리적 경계가 더해진다. 그건 바로 같은 성씨를 쓰면서, 매우 가까운 친척들이 모여 살기 때문에 가능해지는 단결심 때문이다. 집성촌 밖의 사람들은 집성촌 내 누군가가 위험에 처하게 되면 집성촌 사람들이 떼로 몰려와 해코지를 할 수도 있을 거라는 것을 잘 안다. 같은 성씨를 쓰는 아주 가까운 친척들의 단결심은 물이나 산보다도 더 강력한 경계가 된다.

이제 집성촌의 통로가 어떻게 구성되는지 알아보자. 집성촌은 입향조와 그의 형제들이 튼튼한 울타리가 될 만한 물이나 산이 있는 지세를 골라서 그들의 집을 짓는 것으로 시작된다. 입향 초기 아무 것도 없는 벌판에서 그들은 가장 좋은 자리를 골랐을 것이다. 입향조가 가장 좋은 자리를, 그리고 형제간 나이 순서에 따라 마음에 든 집터를 골랐을 것이다. 배산임수의 지형에서 입향 구성원들은 너무 깊숙하기도 않고 또 너무 밖으로 드러나지도 않는 자리를 잡았을 것이다. 이들의 자리가 전체적인 경사에서는 아래쪽에 위치하게 되지만 그런 위치 중에서도 사방이 잘 보일 수 있도록 좀 도독하게 솟은 자리를 잡는다.

입향조 이후의 집들은 최초의 집들을 기점으로 삼아 경사 위쪽과 아래쪽으로 퍼져 나간다. 여기서 재밌는 것은 길은 집을 잇는 것이지 길을 따라 집을 짓는 게 아니라는 점이다. 현대식 도시계획에서는 먼저 도로망을 구성하고 그 안에 들어 있는 땅을 조그만 필지로 쪼갠다. 그다음에 집이 지어진다. 길이 먼저고 집이 나중이다. 집성촌과 같은 옛날 마을에서는 상황이 다르다. 입향조들을 위한 집이 있으면 거기서 좀 떨어진 곳에 집을 짓는다. 그리고 길을 낸다. 그 이후에 지어지는 집도 마찬가지 과정을 거친다. 좀 더 깊은 곳에 집을 짓고 길을 낸다. 이리하다 보면 마을의 길은 자연히 나뭇가지 형세가 된다. 입향조들의 집에서 산등성이로 갈라져 올라가는 길이 생기고, 또 다시 그 길이 갈라져 결국 더 이상은 너무 가파라서 오를 곳이 없는 곳까지 집들이 들어차게 된다. 아래쪽으로는 입향조가 자리 잡은 주거지로 진입하는 길에서 갈라져 나가 또 다른 나뭇가지 형세를 구축하게 된다.

집성촌은 튼튼한 경계를 가지는 강력한 영역을 형성하고 그 내부 통로는 나뭇가지형 길로 구성되면서 영역 내부에 서로 다른 위계를 가지는 세부 영역을 만들어 낸다. 나뭇가지에서 어떤 부분은 위계가 높고 또 어떤 부분은 위계가 낮게 된다. 위계가 높다는 것은 특정 지점이 다른 지점들에 비해서 더 나은 접근성을 가진다는 것을 말한다. 나뭇가지형에서는 가지가 갈라지는 지점의 접근성이 가장 좋다. 위계를 결정하는 또 하나의 특성은 시지각에 의한 감시 능력이다. 자신은 감추면서 남을 더 잘 볼 수 있는 위치일수록 위계가 높다.

입향조의 집에서 경사 위쪽으로 자리 잡는 집들은 입향조의 집을 내려다 보는 위치에 자리를 잡을 수는 없다. 대개는 입향조의 주택과 다른 골짜기를 타고 안쪽 깊은 곳으로 자리를 잡게 된다. 이와 같은 배치는 경주 양동 마을의 손씨 종택과 이씨 종택의 위치를 보면 확인할 수 있다.

집성촌에서 위계가 높은 곳, 즉 접근성이 좋고 다른 지역을 감시할 수 있는 곳에는 항상 친족 관계상 서열이 높은 가구가 산다. 혹은 높은 벼슬을 한 사람일수록 그런 곳을 차지하게 된다. 친족 관계의 서열과 사회적 성공을 기준으로 한 서열이 공간에 의해서 강화된다. 집성촌 마을 어른의 권위는 친족관계의 서열로부터 발생하지만 공간 구조에 의해서 지속적으로 강화된다.

사회적 관계의 서열과 공간구조에 의해서 발생하는 서열이 일치하는 경우라면 마을은 안정적으로 유지된다. 그런데 그렇지 못한 경우가 종종 발생한다. 어느 한 집의 사회적 서열이 갑자기 높아지는 경우가 그렇다. 옛날로 치자면 종택 집안 보다 지손의 자손이 더 높은 벼슬을 하게 된 경우다. 이런 경우라면 사회적 긴장이 발생하게 된다.

하회마을 북촌과 남촌의 관계가 그렇다. 원래 하회 종택은 양진당이다. 하지만 종택이 아닌 집안에서 유성룡이라는 걸출한 인물을 배출하면서 사회적 서열과 공간 구조상의 서열에 균열이 생겼다. 종택이라 할 수 있는 양진당과 유성룡의 집인 충효당은 공간 구조상으로 보자면 양진당의 서열이 분명 위다. 다 같이 마을 중심부에 위치하고 있어서 접근성과 다른 지역에 대한 시각적 통제 능력이라는 측면에서 동일하다. 하지만 두 개 영역 간의 관계에서 서열을 결정하는 요소로 방향이 작용할 수 있다. 우리나라에서는 전통적으로 남쪽보다 북쪽이, 그리고 서쪽보다 동쪽이 서열이 높다. 마을 안길을 중심으로 양진당은 북쪽에 충효당은 남쪽에 위치한다.

유성룡이라는 걸출한 인물을 배출한 덕에 사회적 서열에 극적인 변화가 생겼지만 공간 구조상으로 보자면 여전히 양진당이 우월하다.

양동 마을

이 얘기는 자세한 내막을 모르는 사람에게는 여전히 양진당이 사회적 서열이 가장 높은 사람이 사는 곳으로 생각하기 쉽다는 것이다. 이런 상황에서 충효당은 그 위치는 어쩔 수 없더라도, 즉 충효당이라는 영역을 연결하는 통로의 속성은 어쩔 수 없더라도 영역 자체의 속성에 개조를 가해서 권위를 높이려는 시도를 한다. 충효당은 그 영역의 크기 그리고 영역 안을 차지하는 건물의 화려함을 통해 높아진 사회적 서열관계를 드러내 보이려고 한다.

집성촌이라는 서열관계를 강화하는 기능을 하는 공간에서 수대를 거쳐 살아가는 동안 사람들은 마을 어른의 권위를 매우 자연스러운 것으로 받아들이게 된다. 집성촌에 존재하는 권위는 오로지 단 한 사람에게만 주어지는 것이 아니다. 수많은 층위를 가진 권위들이 동시에 존재한다. 할아버지, 아들, 손자와 같은 식으로 공간 구조상 위계가 높은 집에서 낮은 집으로 권위가 중층적으로 작용한다.

사회적 서열관계가 분명하고 게다가 공간 구조상 서열이 뚜렷한 집성촌에서 수대를 거쳐 살아온 사람들은 자신보다 더 큰 권위에 순종하고 자신보다 서열이 낮은 사람들에게는 권위를 강제하는 것을 자연스럽게 생각하게 된다. 부모의 마을은 이런 곳이었을 수도 있고, 그게 아니라면 적어도 이런 식의 공간이 있다는 것을 알고 자랐을 것이다. 부모는 직접적으로 권위에 순종하고 권위를 강요하는데 익숙해져 있을 수 있고, 그게 아니더라도 적어도 그런 관계를 낯설어 하지 않을 환경에서 자란 사람이다.

부모의 마을에 집성촌이 있다면 자식의 뉴타운에는 부자촌이 있다. 이 둘을 견주어 비교할 수 있는 데는 두 가지 이유가 있다. 하나는 비슷한 사람들끼리 모여 다른 지역과는 배타적인 관계를 맺고 사는 공간이라는 점이다. 집성촌에는 성이 같은 사람들이, 부자촌에는 돈이 많은 사람들이 모여 산다. 다른 하나는 집성촌이나 부자촌이나 뚜렷한 물리적 경계를 가진다는 점이다. 서울의 전통적인 부자촌이라 할 수 있는 서울 성북동은 조선시대 사대부들의 별장지대로 사용되던 곳이다. 이곳은 산으로 둘러싸인 지형을 갖추고 있어서 특별한 이유가 없이는 통과할 일이 별로 없는 지역에 위치한다. 유별나게 뚜렷한 물리적 경계를 가지고 있는 또 다른 부자촌으로는 서울 한남동 유엔빌리지를 들 수 있다. 남쪽으로 한강을 면하고 있

성북동

유엔빌리지

는 이 지역은 물과 경사진 지세를 이용하여 단 하나의 입구를 제외하고는 외부에서 들어갈 길이 없는 구조를 갖추고 있다.

집성촌과 부자촌은 튼튼한 울타리를 가지고 있어서 강력한 영역을 형성하고 있다는 면에서는 유사하지만 영역 내부의 속성이나 통로라는 측면에서 보면 같은 점이 없다. 영역 내에서 부자촌은 개별 주택으로 형성되는 세부 영역 간에 서열은 존재하지 않는다. 즉 접근성에서 일정한 규칙을 따르는 차별성도 없을 뿐만 아니라 시각적 감시 성능이라는 측면에서도 큰 차이가 없다. 동서남북 방향이야 여전히 존재하는 차이기는 하지만 현대는 그런 식의 방향 차이를 서열의 차이로 여기지 않게 된지 오래다.

자식의 뉴타운에 부자촌이라는 뚜렷하게 구별되는 영역이 있기는 하지만 그것이 집성촌과 같은 사회적 영향을 미치지는 않는다. 부자촌은 마을의 집성촌과 달리 사회적 서열관계를 연습할 공간으로 작용하지는 않기 때문이다. 그런 연습이나 경험이 전혀 없는 자식에게 서열관계에 따라 능숙하게 행동하는 부모가 쉽게 이해된다면 그게 더 이상하다. 권위에 순종하는 부모의 모습은 비굴하게 굽실거리는 것처럼 보이기 십상이다. 자식에게 권위를 부리는 부모의 모습은 시대에 맞지 않는다고 생각할 것이다.

부모를 못마땅하게 생각하는 자식에 대해 부모는 무슨 생각을 할까? 자식이 권위와 권력을 혼동하고, 순종과 복종을 제대로 구분하지 못한다고 생각하지는 않을까? 부모는 부당한 권력에 복종한 적이 없었다고 말하고 싶을 것 같다. 역사가 증명하고 있지 않은가. 부모 세대는 독재 권력에 맞서서 4.19를 이끌고 대한민국의 민주화를 이룩한 세대가 아니던가.

권위와 순종에 대해서 부모와 자식이 다른 생각을 가질 수밖에 없다는 건 분명하다. 하지만 부모가 불합리한 권력에 무조건적으로 복종하는 사람은 아니라는 것은 새겨둘 필요가 있다. 그들의 권위와 순종을 너그럽게 보아줄 수도 있는 대목이 마을 집성촌 근처에서 보이지 않는가.

10. 금지된 공간 vs. 금지된 욕망

실재하는 판타지 vs. 게임 속의 판타지

마을에는 아이들 보기에 무시무시한 공간들이 몇 개 있다. 그중에서도 특별한 것은 상엿집과 당집이다. 상엿집은 상여를 보관하는 장소다. 상여는 마을에서 누군가 세상을 떠나게 되면 그를 모셔서 다른 세상으로 난 길을 갈 수 있도록 해주는 도구다. 일종의 가마라고 생각하면 되는데, 그것을 누워서 탄다고 보면 된다. 새색시가 시집갈 때 타고 가는 가마보다 훨씬 더 크고 장식도 화려하다.

새색시 가마야 기껏 둘이면 지고 가기에 충분하지만 상여는 장정 여럿이 필요하다. 최소한 8명이 한 팀으로 구성된다. 이 차이만 보아도 새색시 가마와 상여가 규모라는 측면에서 얼마나 큰 차이가 있는지 알 수 있다. 상여의 화려함은 극치에 달한다. 상여 위로 휘장이 둘러쳐지고 색색으로 물들인 광목천이 나부낀다. 마을의 아이

상엿집

들에겐 좀처럼 보기 힘든 광경이다.

영국에서 가장 좋은 차는 롤스로이스다. 물론 그보다 더 좋은 차가 있기는 하겠지만 일반 서민들 사이에선 아무래도 제일 잘 알려진 롤스로이스가 최고다. 모두가 그걸 타고 싶어 하지만 비싸서 엄두를 못낸다. 하지만 그 누구라도 일생 딱 두 번은 롤스로이스를 탄다고 한다. 결혼식과 장례식이다. 마을의 가마란 영국의 롤스로이스와 같다. 아주 부자이면서도 권세가 있는 사람이 아니라면 함부로 가마를 타지 못한다. 그래도 인생에 적어도 딱 두 번은 탄다. 결혼식과 장례식이다.

상여는 아이들에겐 무서운 물건이다. 어제까지만 해도 아이들에게 사탕 쪼가리를 나누어 주던 할머니가 그 안에 꼼짝하지 않고 누워 계시다는 것이다. 아이들에게 죽음은 어른 만큼 선명하게 이해되지는 않더라도 강렬한 인상을 남기는 것은 틀림없다. 상여가 더 무서운 것은 평소에 보기 힘든 낯선 형태와 그것에 더해진 장식의 화려함 때문이다. 장식의 본디 목적은 멋있게 보이기 위한 것이 아니다. 치장은 대상의 권위를 높이고자 하는 것이 최초의 목적이고 가장 큰 목적이다. 상여의 치장은 그런 역할을 한다.

상여가 동네를 나설 때는 떠들석하다. 온 동네 사람들이 몰려 나와서 먼 길을 배웅하기 때문이다. 떠나는 사람도 배웅 나온 사람을 위해서 노제를 베풀고 간다. 이런 날이면 동네에는 축제가 열리는 셈이다.

특별한 축제의 날이 아니라면 상여는 상엿집에서 잠을 잔다. 어떤 때는 일 년 사이에도 여러 번 그런 일이 벌어지기도 하지만, 대개는 몇 년씩 잠을 잔다. 상여가 잠자고 있는 상엿집은 무시무시한 장소이다. 하지만 호기심의 장소이기도 하다. 이 호기심이 문제다. 아이들은 상엿집에 대해서 두려움과 호기심을 같이 가진다.

상엿집과 함께 아이들에게 무서움과 호기심을 같이 주는 장소로 당집이 있다. 당집은 마을의 토속신을 모시는 사당이다. 화려한 색으로 물들인 천을 묶어 놓은 금줄이 아이들의 무섬증과 호기심 유발에 한 역할을 한다. 사당 안의 장식도 무섬증을 일으키는 소재가 된다. 낯설다는 것이 우선 가장 직접적인 원인이 된다. 하지만 당집이 아이들에게 무서운 장소가 되는 것은 마을의 어른들이 당집을 대하는 태도 때문이다.

마을의 어른들은 당집에 갈 때마다 굳은 얼굴이 된다. 어른들 사이에선 엄숙함을 위해 지어내는 행동들인데 아이들 눈에는 그저 지어낸 행동들이라고 보이지 않는다. 아이들은 어른들이 자신들의 평소 잘못에 대해 크게 꾸지람을 듣기 위해 당집으로 불려간다고 생각한다. 당집에는 힘 센 어른들조차도 꼼짝 못하게 하는 아주 무서운 존재가 살고 있다.

당집은 아이들에게 무섬증을 일으키게 하는 장소이지만 상엿집과 마찬가지로 호기심을 불러일으키는 장소다. 아이들은 도대체 저 안에 무엇이 있기에 어른들이 저리도 쩔쩔매는지가 궁금하다.

상엿집이나 당집은 아주 특별한 기능을 하는 건물이다. 그것 하나만으로도 특징적이다. 그런데 건축설계라는 측면에서도 아주 특이하다. 다른 어떤 건물에서도 사용되지 않는 특수한 방법이 사용되고 있기 때문이다.

상엿집이나 당집은 마을에서 좀 떨어진 곳, 일상생활에서는 별로 찾지 않는 위치에 지어진다. 기능적으로 볼 때 아주 타당하다. 사용빈도가 그리 많지 않으니 그리 하는 게 현대적 계획 개념인 동선의 효율이라는 측면에서 보아도 그렇다. 상징적 의미에서도 그렇다. 상엿집이나 당집이나 매번 봐서 좋을 것이 없는, 한참 동안 잊고 지

청평사 영산전

내다가 필요할 때만 찾는 그런 곳이고 그러다 보니 이들과 연상해서 떠오르는 기억들이 그리 즐겁지 만은 않기 때문이다.

어른들 입장에서는 마을에서 좀 떨어진 으슥한 곳에 두는 것으로 족하다. 일부러 찾지 않는 한 피할 수 있기 때문이다. 그런데 아이들이 문제다. 아이들의 호기심이 문제가 된다. 아이들은 상엿집이나 당집을 무서워하면서도 호기심을 주체 못한다. 어지간히 타일러서는 아이들이 상엿집이나 당집에 숨어들어가는 것을 막지 못한다. 어른들이 아이들에게 상엿집과 당집에 가지 못하게 하는 것은 일차적으로는 아이들이 상엿집이나 당집의 건물이나 장비를 파손할 수 있기 때문이다.

어른들이 아이들을 상엿집이나 당집을 못가게 하는 더 큰 이유는 따로 있다. 호기심을 못이겨 상엿집이나 당집을 몰래 다녀온 아이들이 잠을 자다가 무서움을 이기지 못하고 경기를 일으키기도 하기 때문이다. 건물이나 장비의 손상은 사실 별로 문제가 되지 않는다. 아이들이 놀랄까봐 그런 것이다.

아이들을 상엿집과 당집으로 이끄는 것은 호기심만이 아니다. 얕잡혀 보이기 싫어서다. 마을 아이들 중 유독 담이 큰 아이가 있기 마련이다. 이런 아이에게는 상엿집과 당집이 덜 무서울 수 있다. 이런 아이들이 대개는 대장 역할을 하는데 이 아이가 나머지 아이들을 끌고 간다. 상엿집이나 당집이 무서운 아이들에게 더 무서운 것은 겁쟁이라는 놀림이다. 이게 싫어서 할 수 없이 상엿집, 당집에 끌려간 아이들은 어김없이 그날 밤 악몽에 시달리고 경기를 일으킨다.

어른들은 아이들의 접근을 막기 위해서 뭔가 방도를 내야만 한다. 아이들은 아무리 혼을 내고 타일러도 그들의 호기심과 경쟁심을 주체할 수가 없다. 자발적으로 가지 못하게 하는 것은 불가능하다. 못하게 해야 한다. 그러자면 상엿집과 당집 영역에 강력한 경계를 만들어야 한다. 담장을 둘러치고, 문에 큼지막한 자물쇠를 걸어 놓을 수도 있다. 그러나 이런 물리적인 방법들은 효과가 없다. 아이들은 무슨 수를 써서라도 담장을 넘고 자물쇠를 연다.

어른들은 희한한 발명을 했다. 영역의 경계를 강화하는 아주 좋은 방법을 고안했다. 물리적인 측면에서 보자면 아주 간단하다. 그리고 효과도 만점이다. 상엿집에 그리고 당집에 나쁜 귀신이 살게 하는 것이다. 어른들은 너나 할 것 없이 아이들에게 거기엔 나쁜 귀신이 살고 있다고 말을 전한다. 이럴 때 좀 더 현실적이고 구체적인 사례를 들려주면 효과는 더욱 좋다. 마을 어른들이라고 모두가 다 아이들에게 인자한 것은 아니다. 속내를 낱낱이 들여다본다면 달라질 수도 있겠지만 심술궂은 노인들이 어디나 있다. 이런 노인들이 돌아가시게 되면 그분들이 상엿집의 관리인이 된다. 돌아가신 그 무섭고 심술궂은 할아버지가 상엿집에서 귀신이 되어 살고 있다고 말해준다. 그 할아버지가 더 무서울 수 있는 것은 귀신이 되어서 힘이 더 세졌다는 말을 덧붙이면 된다. 한 가지 더 그 할아버지는 네가 할아버지한테 했던 나쁜 짓들을 기억하고 있으며 네가 오기만 기다리고 있다고 얘기해 주면 된다.

어른들이 고안한 방법 중 백미는 "네가 한 짓을 기억하고 있으며 네가 오기만 기다리고 있다."는 말이다. 이게 백미인 것은 이 말이 아이들을 무섭게 만들어서 못 가게 하는 효과가 있어서가 아니다. 아이들에게 핑계거리를 만들어 줄 수 있기 때문이다. 어느 소심한 아이가 있다고 하자. 어느 여름 밤 아이들은 상엿집으로 모험을 떠나기로 했다. 소심한 아이는 무섭다. 하지만 겁쟁이가 되는 것은 더 싫다. 이럴 때 써먹을 수 있는 핑계다. 사실 내가 그 할아버지한테 이런 저런 못된 짓을 했는데(사실은 이 말도 거짓말이다) 그래서 내가 오기만 기다리고 있다고 하더라. 그래서 나는 가면 안 돼. 너희들은 가도 돼. 나는 여기서 망을 봐줄께.

영역의 경계를 만드는 방법 중에서 가장 효과적인 방법이다. 이 방법은 우리나라의 상엿집이나 당집에만 사용되는 것이 아니다. 전 세계적으로 통용되는 방법이다. 어딘가에 보호가 필요한 특정 장소가 있다면 흔히 사용된다. 담장이나 튼튼한 건물벽 그리고 잠금장치 같은 것들은 그리 오래가지 못한다. 한 백 년 쯤 지나면 그런 것들은 제 구실을 하기 어렵게 된다. 이럴 때 사용하는 것이 귀신이다. 그 장소에 귀신을 한 번 들여 살게 하면 그 귀신이 사람들을 얼씬도 못하게 한다. 딱 한 번 고용으로 수백 년 간 공짜로 부려 먹을 수 있는 관리인을 찾은 셈이다.

사람들을 무섭게 해서 접근하지 못하게 할 수도 있지만 더 좋은 방법도 있다. 이번엔 아이들에게 아주 친절했던 할머니를 고용하는 것이다. 상엿집에 그 할머니가 계시는데 그 할머니는 이제는 조용한 걸 좋아하시거든. 너도 그 할머니가 원하는 걸 해드리고 싶지. 그리고 할머니가 이제는 귀신이 되서 힘이 더 세졌거든. 그래서 이제는 그 할머니가 네가 원하는 것을 갖게 해줄 수도 있어. 그 할머니 생각나지. 사탕도 많이 주시고. 귀여워 해 주시고. 그 할머니한테 잘 해드리면 아마 네가 원하는 걸 다 주실지도 몰라. 당근이다. 앞서 말한 무섭게 해서 쫓아버리는 게 채찍이라면 이건 당근이다.

주술에는 두 가지 방향이 있다. 하나는 벌을 준다는 것이고 다른 하나는 상을 준다는 것이다. 상엿집과 당집에는 벌도 있고 상도 있다.

주술을 걸어 둔다는 것이 효과적인 방법이기는 하지만 100% 성공하는 것은 아니다. 아이들은 이따금 그 주술의 존재조차도 잊어버린다. 더위에 잠자기 어려운 여름철이 오고 따분한 밤이 되면 아이들은 호기심과 경쟁심에 주술을 잊고 모험을 떠난다. 아이들은 주술로 만들어진 금지된 공간을 탐험하면서 청소년으로 성장한다. 무서움을 참고 상엿집에 들어간다. 어느 한 아이가 상여 안의 관에 누워 자신의 용감함을 으스대는 순간 다른 아이들도 자신도 모르는 사이에 관에 눕는다. 거기엔 심통쟁이 할아버지도 인자한 할머니도 계시지 않는다는 것을 모두가 알게 된다. 이제 상엿집은 더이상 금지된 공간이 아니다. 하지만 이렇게 알게 된 비밀은 또래만의 것이다. 자기보다 어린 동생들에게는 자기가 가봤더니 거기에 심통쟁이 할아버지도 계시고 인자한 할머니도 계시더라고 얘기한다.

아이들을 경기로부터 지켜줬던 주술은 필요한 시간 동안, 필요한 만큼만 작동한다. 그 주술을 깨고 청소년으로 성장하는 아이들은 자기보다 어린 동생을 경기 일으키지 않게 보호해주는 또 한 세대의 주술 전파자가 된다. 마을의 아이들에게 상엿집과 당집은 판타지다. 한 여름밤 상엿집과 당집으로 떠나는 모험은 판타지아다.

뉴타운의 아이들에게도 금지된 공간은 있다. 청소년보호구역이나 멤버쉽 클럽이 그렇다. 금지의 목적은 전자라면 청소년 보호이고 후자는 장삿속이다. 청소년보호구역은 청소년의 성장 환경에 유해한 모든 것들을 모아놓는다. 어른들은 그 안의 것들을 즐기고 청소년들은 접근하지 못하게 한다. 보호구역이라는 건 대체로 그 안에 들어 있는 것을 보호한다는 의미로 사용된다. 청소년보호구역 안에는 엉뚱하게도 어른이 들어있다. 정작 보호해야 할 청소년은 밖에 있다. 청소년보호구역이라는 이름이 이상하다.

멤버쉽 클럽 중에서 눈에 띄게 드러나는 곳은 백화점이다. 백화점은 누구나 다 드나들면서 물건을 구경하고 마음에 든다면 구매를 하는 장소다. 하지만 일부 구역은 아무에게나 개방되지 않는다. 물건을 구매할 능력을 갖추었으리라고 판단되는 사람들에게만 개방된다. 흔히 명품관이 그렇게 운영된다. 겉모습만 보고서 구매력을 판단하는 것은 무리가 있다. 어른이라면 지갑이 비었어도 있는 척하고 들어가면 그만이다. 들어가기 전에 지갑을 열어 보이라고 까지는 하지 않는다. 청소년은 상황이 다르다. 그냥 보기에도 청소년은 성인과 구분이 된다. 그리고 그들에게 비싼 명품을 살만한 돈이 있을 것이라고 생각하면 그게 이상하다. 청소년은 외모만으로 출입

청소년보호구역

이 금지된다.

청소년보호구역이라는 영역의 경계는 참 특이하다. 울타리 같은 것은 없다. 길바닥에 쓰인 청소년보호구역이라는 글자가 경계를 구성한다. 간혹 청소년보호구역이라고 쓰인 입간판으로 경계가 만들어지기도 한다. 이렇게 빈약한 경계가 그런대로 작동을 하는 것은 청소년보호구역 내를 활보하는 성인들의 눈초리 덕이다. 때로 경찰력이 동원되기도 한다. 청소년보호구역을 순찰하는 경찰관이 경계 형성에서 한몫을 담당한다.

명품관

명품관의 경계는 청소년보호구역에 비해 비교적 단단한 물리적 구조를 가진다. 명품관은 튼튼한 벽으로 둘러싸여 있고 출입을 위해서는 별도의 출입구를 통과해야만 한다. 그렇다고 해서 그것만 가지고서는 맘먹고 들어가려는 무자격자를 막을 수는 없다. 명품관의 경계를 결정하는 것은 화려한 내부 장식과 고객의 지갑을 마치 투명한 유리 상자인양 들여다보는 눈을 가진 종업원이다. 종업원은 물리력을 행사하지 않는다. 다만 그의 오묘한 눈빛이 작용한다.

마을의 금지구역은 아이들에게 모험을 가능하게 하는 판타지 세계라면 뉴타운의 금지구역은 허락되지 않는 욕망의 세계다. 마을의 아이들은 판타지의 세계에서 어른으로 성장하지지만 뉴타운의 청소년에게 금지구역은 그런 판타지의 세상이 아니다. 뉴타운의 아이들에게도 판타지의 세계는 필요하다. 그들은 또 다른 곳에서 그들만의 판타지를 찾는다. 그리고 거기서 그들만의 판타지아를 경험한다. 게임의 세계다.

판타지는 기본적으로 허구적 세계다. 현실 생활과는 다른 무엇인가를 만들어 내어 즐기는 공간이기 때문이다. 마을의 아이들은 상엿집과 당집이라는 금지된 현실 세계에 상상을 덧대어 판타지의 세계를 구축한다. 그 상상은 어른 세대와 아이들 세대 간의 상호 작용으로 완성된다. 뉴타운의 아이들은 판타지가 끼어들 만한 장소를 현실 세계에서 발견하기 어렵다. 이들에게 주어지는 금지된 세계란 청소년보호구역이나 명품관 같은 것뿐이다. 마을의 금지구역은 판타지의 세계가 펼쳐지는 무대가 되고 뉴타운의 금지구역은 억압된 욕망의 세계일뿐이다.

11. 귀신과 함께 사는 집 vs. 세콤과 함께 사는 집

귀신과 함께 산다 vs. 세콤과 함께 산다

뉴타운 자식의 집에는 엄마, 아빠, 아들, 딸, 그리고 캔디가 산다. 캔디는 이제 12살 쯤 되는 막내 동생이다. 12살 쯤이라고 말하는 이유는 캔디는 2년된 강아지이기 때문이다. 강아지의 1년이 사람의 5~6년과 맞먹는다 하니 캔디 나이를 12살 쯤으로 계산한 것이다. 2년 짜리 강아지면 개라고 불러야 하는데 요즘 사람들은 개를 개라고 부르는 것을 달가워하지 않는다. 개와 함께 산책하는 주인에게 "이 개 몇 살이에요" 라고 묻는다면 실례가 되는 분위기다. 요즘 자식 집에 사는 개는 개라기보다는 사람에 더 가깝다. 함께 사는 식구다.

가족생활에서 구심점을 이루는 존재는 누구일까? 예전 같으면 당연히 엄마일거다. 직장일로 바쁜 아빠와 학교 다니느라 허둥대는 아이들 사이에서 이들을 연결하는 역할을 엄마가 한다. 그런데 요즘은 강아지가 가족생활의 구심점 역할을 하는 것 같다. 아이들이 학교 갔다 돌아오면 제일 먼저 찾는 게 강아지다. 초등학교 저학년 때까지는 문을 열고 들어오며, "엄마, 엄마, 엄마 어딨어?" 라고 하지만 그때까지다. 고학년이 되면 엄마보다 먼저 찾는 게 강아지다. 아빠가 들어 올 때도 사정은 비슷하다. 아빠가 일부러 강아지를 먼저 찾지는 않지만 강아지가 가장 먼저 나와 반겨주니 아빠의 경우에도 가장 먼저 만나서 말을 걸게 되는 건 강아지다. 서먹해지기 쉬운 아빠와 자식 간의 대화를 근근이 이어가게 해주는 것도 강아지다. 엄마와 아빠가 부부 싸움이라도 한 끝에 뭔가 말꼬를 틀 기회를 잡고 싶다면 강아지를 끌어들인다. "여보, 강아지 산책시킬까?" 평소엔 그리 산책 좀 시키라고 해도 들은 척도 안하던 사람이.

개가 어릴 땐 강아지라는 예쁜 이름이 있지만 10살이 되어서도 강아지라고 할 순 없다. 뉴타운의 시대엔 개를 개라 못 부른다. 그러니 반려견이라는 말을 만들어서 쓴다. 뉴타운 자식 집에는 엄마, 아빠, 아들, 딸, 그리고 캔디라는 이름을 가진 반려견이 산다.

마을의 부모 집에도 개는 있었다. 마당 한 켠에 자기 집을 독채로 가지고 사는 개도 있었지만 대부분 마루 밑에 산다. 마당이 주 생활구역이다. 마당에 있다가 주인이 오는 소리를 들으면 대문간으로 뛰어 나간다. 집안 식구들이 대청마루에 모여 밥을 먹다가 간혹 던져주는 생선 끄트머리를 날쌔게 받아먹기도 한다. 밤이 되면 마루 밑에서 주인의 숨소리를 들으면서 웅크리고 잠을 잔다. 개가 받는 대접에 차이는 조금 있지만 뉴타운 자식집이나 마을 부모 집이나 개가 가족과 아주 친밀한 관계를 가진다는 것은 마찬가지다. 마을 부모 집에는 아빠, 엄마, 아들, 딸 그리고 개가 산다.

부모의 마을 집에는 반은 집안 식구로 쳐주는 개 외에도 항상 가족과 함께 사는 존재가 있었다. 귀신이다. 성주신, 터주신, 조왕신 등등. 열 손가락으로는 헤아릴 수 없는 많은 숫자의 귀신이 가족과 개와 함께 살았다. 조왕신은 부엌에, 터주신은 집터에 산다고 한다. 집안 귀신들은 집의 특정 장소에 머무르면서 가족들에게 해코지를 하기도 하고 때로 복을 가져다주기도 한다.

잡다한 귀신들이 어찌해서 집 안에 들어와 살게 되었는지 명쾌하게 설명해주는 학설은 없다. 그렇지만 집안에 살고 있는 귀신의 내력을 살펴보면 대체로 짐작은 가능하다. 귀신은 크게 두 종류로 구분된다. 하나는 사람들이 불러들인 귀신이다. 바꾸보살이나 양씨아미 같은 귀신들이다. 원래 이 귀신들은 억울하게 죽은 원혼과 같은 존재인데, 사람들이 이 귀신을 집안으로 모셔왔다. 억울한 귀신을 극진히 떠받들면서 그에 대한 보답으로 화를 면하고 복을 불러다 주길 기대한다. 다른 한 종류는 원래부터 거기 살던 존재다. 집안 사람들이 불러 오기를 기다리지 않고 집이 지어지면 제 발로 들어오는 귀신이다. 터주신, 곳간신이 그런 예다.

부르기도 전에 찾아와서 머무는 귀신이 존재하기 된 과정은 이렇다. 사람은 살면서 예상치 않은 길흉화복과 마주치게 된다. 예전 농경 사회에서 사람들은 경작지와 집을 오가면서 살았다. 삶의 주된 터전이 경작지와 집인 셈이다. 사람들이 맞닥뜨리게 되는 길흉화복은 항상 이곳에서 일어난다. 거주하는 시간만으로 보자면 경작지나 집이 반반이 되겠지만 일어나는 행위의 복잡성으로 보자면 집이 더 하다. 언제 어떻게 닥칠지 모를 길흉화복을 주로 맞이하는 곳이 집이다.

마을 사람들은 집의 특정 장소마다 일어날 수 있는 화를 억누르고 복을 불러들이고 싶었다. 그럴려면 특정 장소에서 하지 말아야 할 일도 있고 반대로 꼭 해야 할 일도 있다. 예를 들어 보자. 변소에서는 혼자 있는 공간이라 하여 쓸데없는 불온한 행동을 해서는 화를 당할 수도 있다고 믿었다. 어느 집에서 사람이 죽어 나가게 되면 부뚜막에 불을 지펴 시신이 누웠던 자리를 뜨겁게 달구는 일이 필요하다고 믿었다.

집의 특정 장소에서 하지 말아야 할 일은 피하고 해야 할 일은 반드시 함으로써 예상할 수 없는 흉과 화를 어느 정도나마 막을 수 있을 거라고 믿었던 것이다. 그런데 하지 말아야 할 일을 하지 않게 하고 해야 할 일을 하게 하려면 어떤 방법이 가장 효과적이었을까?

사람들은 하지 말아야 할 일이든 해야 할 일이든 그 이유가 뚜렷하지 않은 경우에는 그 일들을 자발적으로 잘 하지 않는다. 이런 경우를 위해서 마을 사람들은 귀신을 고용한다. 특정 장소를 특정 귀신에게 맡기는 것이다. 특정 장소에서 하지 말아야 할 일을 하면 귀신에게 해코지를 당한다는 미신을 전파한다. 해야 할 일을 시킬 때는 그런 일을 하면 귀신이 복을 가져다준다는 주술을 건다.

변소에서 쓸데없이 오랜 시간을 보내지 말도록 한 것은 비위생적인 공간에 너무 오래 머무르지 않도록 하려는 의도가 깔려 있다. 죽은 사람이 나간 자리에 부뚜막에서 불을 때는 것은 소독의 뜻이 담겨 있다. 이들은 모두 화를 피하고 복을 불러 오려는 의도를 갖는 행위들이다. 이런 행위를 강제하고 자발적으로 지키게 만들고자 고안된 것이 귀신이다.

마을 사람들은 집 안팎의 특정 장소에 귀신을 모셔두고 귀신을 화나게 하는 행위를 하지 않고 또한 귀신이 원하는 행동을 하도록 했다. 집의 동서남북을 관장하고 있는 사신을 화나게 하지 않기 위해서 아무 때나 벽에 못 박는 것을 금하기도 하고, 장독대에선 정화수를 떠놓고 칠성신이 원하는 기도를 올리기도 한다. 여기에 더해서 시시때때로 음식을 올려 귀신을 굶주리지 않게 하는 것도 잊지 않는다.

부모의 마을에서 가족들과 함께 살던 귀신들은 그 수가 너무 많아서 일일이 기억하기 힘들 정도다. 한국민속신앙사전에 의하면 집에는 무려 59가지의 귀신이 있다고 한다. 하지만 건축공간적으로 정리해 보면 어렵지 않게 정리해 볼 수 있다. 건축은 영역 만들기와 통로 만들기로 구성된다. 영역이란 긴 시간동안 머무르면서 뭔가를 하는 공간이니 여기서 화를 당할 일이 벌어지거나 반대로 복 받을 일을 하기도 할 것이다. 그러니 최초에 집안 귀신이 고안된 이유대로라면 특별히 구분되는 영역마다 그곳을 담당하는 귀신이 고용되어 있을 것이라고 짐작할 수 있다.

집은 우선 안과 밖으로 나누어 볼 수 있다. 집 밖은 대문과 면하고 있는 골목이다. 이 골목에도 귀신이 산다. 이름은 '올레신'이다. 제주도 지역에서 정낭에 거처하면서 집안을 보호해 주는 신이다. 이 귀신은 집안에서 살고 있는 문간신과 유사하지만 일반적인 문간신이 문에 가까이 붙어 있는 반면 올레신은 문 앞 골목길까지 자신의 임무 영역을 확장하고 있다는 차이점이 있다.

집안으로 들어가면 집이라는 하나의 영역은 울타리와 땅 그리고 지붕으로 구성된다. 울타리는 출입을 조절하는 역할이 필요하니 문간도 필요하다. 이 네 가지가 집의 경계를 형성하며 이 네 가지 영역에는 각기 다른 임무를 부여 받은 귀신들이 배치된다.

울타리에는 사신이 산다. 사신은 동서남북 우주의 네 방위를 담당하는 동물이다. 동쪽에는 청룡, 서쪽에는 백호, 남쪽에는 주작, 그리고 북쪽에는 현무가 산다. 이 사신들이 집의 울타리 각 방향에 산다. 사신은 집의 사방을 수호하는 역할을 한다.

땅에는 터주신이 산다. 집터를 지켜주는 신으로 집안의 평안과 택지의 안전을 책임진다. 일상생활에서 사용하는 터줏대감이라는 단어도 이 신을 지칭한다. 집터 전체를 지키는 신이지만 살기는 마당 뒤편이나 장독대 근처에 산다. 쌀을 담은 항아리를 신체(귀신의 몸체)로 삼아 짚가리를 씌운 뒤에 마당 뒤편이나 장독대 근처에 두는 것이다.

지붕에는 지붕신이 산다. 지붕을 튼튼하게 받쳐주고 집 안으로 들어오는 잡귀와 부정을 막으며 복이 깃들도록 해주는 신이다. 지붕 용마루에 치미, 바래기 기와(망와), 주물(잡상) 등을 두어서 신체를 표현한다.

이제 집 안으로 들어가 보자. 집 안 영역은 다시 세부 영역으로 나뉜다. 우선 가장 큰 구분은 마당과 같은 외부공간과 안채 건물과 같은 내부공간이 있다. 외부공간이란 지붕이나 벽 같은 것 없이 노출되어 있는 장소를 말한다. 이런 주택 내 외부 공간으로는 마당, 장독대, 뒤란, 굴뚝이 있다. 물론 이 곳 모두에 귀신이 산다.

마당에는 마당신이 있다. 집 안 마당에 기거하면서 집 안으로 들어오는 액살을 막아주는 신이다. 마당신은 추상적 개념으로만 존재하는 신이다. 항아리나 금줄 같이 물리적 형체를 가지는 신체가 없다. 그래서 건궁 혹은 허궁이라고도 부른다. 집 안에는 여러 가지 마당이 있는데 마당신은 안채의 안마당에 기거한다. 다른 마당에는 다른 신이 기거한다. 마당신과 우리 삶의 밀접한 관계를 보여줄 수 있는 사례로 고수레가 있다. 뉴타운의 아파트에 사는 자식들은 모르는 게 당연하겠지만 이웃집에서 음식을 가지고 오면 그 음식의 일부를 떼어 고수레라고 외치면서 마당에 던지는 습속이 있었다. 마당신이 굶주리지 않도록 하는 습속이다. 마당신은 별도의 시제같은 것이 없어서 귀히 여김을 받지 못하는 귀신이라고 생각할 수도 있지만 실상 고수레의 빈도로 본다면 시제에 비할 바가 아니다.

장독대에는 철륭이란 귀신이 산다. 장독대에 살면서 가내 평안과 자식의 안녕을 담당한다. 철용은 신체가 없는 건궁이거나 또는 오가리형으로 신체를 구비하고 있기도 하다. 오가리형은 오가리를 주저리를 씌워 뒤란이나 장독대 근처에 두거나 땅에 묻어둔다. 철륭이 있는 곳은 신성한 곳이어서 침을 뱉거나 소변을 보면 큰 탈이 난다. 장독대에는 가족이 수 년을 두고 먹어야 할 갖가지 장이 있는 곳이다. 그곳이 대개 외진 곳이어서 변소에 가기 귀찮으면 숨어서 소변보기에 적당한 위치라는 것을 생각해보면 철륭 귀신이 거기에 머물게 된 이유를 알 수 있다. 철륭은 장독대의 위생을 지키기 위해 금기를 주술로 걸어둔 신이다. 장독대의 위생을 지킴으로써 본연의 임무, 즉 가내 평안과 자식이 음식물로 탈이 나지 않게 해줄 수 있다.

안마당 말고도 마당이 여럿 있다. 이런 작은 마당을 뒤란이라 부르는데 여기에도 여러 귀신들이 산다. 터주, 업신, 천륭, 천룡, 용단지, 칠성 등이 산다. 이 중 업신이 우리에게 가장 친밀한 편이다. 업신은 재물을 관장하는 귀신이다. 업신으로 가장 유명한 것이 구렁이다. 때로 족제비나 두꺼비도 업이 된다. 어느 집에서 며느리를 맞이해서 재물이 늘게 되면 그 며느리도 업이라 부르는데 이때는 인업이 된다. 인업으로 업동이가 있는데, 갓난아기를 데려오면서 재물이 많이 늘거라는 기대 때문에 이렇게 부른다. 업동이에 이렇게 좋

도산서원 삼문

은 주술을 걸어놓음으로써 버려지는 아기를 구할 수 있는 좋은 사회적 방책이 된다.

굴뚝에는 굴대장군이 산다. 굴뚝도 사람 사는데 중요한 기능을 한다. 굴뚝은 항상 청소가 잘되어 있어야 한다. 그래야만 열기를 잘 빨아들여 방의 온기를 유지할 수 있기 때문이다. 굴뚝이 막히면 구들에서 연기가 새기 마련이다. 사람이 질식할 수도 있고 건강에 해로운 것은 자명한 일이다. 이런 걸 방지하기 위해서 굴뚝에 신을 배치해서 굴뚝 청소를 게을리 하지 못하게 한다.

이제 내부 공간으로 가보자. 내부 공간에서 가장 중요한 것은 안채다. 그중에서 중요한 장소는 안방과 대청일 터인데, 여기에는 성주신이 산다. 집을 짓고 지키며 집안의 모든 일이 다 잘되도록 관장하는 집안의 최고신이다. 집을 짓거나 이사할 때, 그리고 대주 사망 이후 새로운 대주가 생길 때 탄생해서 대주와 운명을 같이 한다.

건넌방에도 귀신이 붙어 있다. 사신대감이다. 일반적으로 집안의 운수와 재물을 관장하는 역할을 하는데 며느리와 시부모의 불화를 막아주는 역할도 한다. 사신대감의 존재 자체가 얼마나 며느리와 시부모의 갈등이 흔한 일이었는지를 짐작할 수 있게 해준다. 건넌방은 주로 며느리가 사용하는데 그 방에 사신대감을 붙여 주고 시부모와 불화를 일으키면 귀신이 노할 것이라고 항상 조심을 하도록 한 것이다.

부엌에는 조왕신이 산다. 부엌에서도 특히 부뚜막의 불을 관장하는 신이다. 불은 마을 사람들에게는 매우 중요한 존재였다. 부뚜막의 불씨를 집안의 흥망성쇠, 길흉화복과 동일시하여 부뚜막의 불을 꺼뜨리는 것을 금기시하였다. 이사를 하더라도 먼저 집에 쓰던 불씨를 가지고 가서 새 불을 일으킬 정도였다.

변소에는 측신이 산다. 측신은 무섭고 사나운 신으로 알려져 있다. 복을 주기보다는 해코지를 잘 한다고 믿었기 때문이다. 옛날 변소를 떠올려보면 거기에 사는 신이 복을 주는 신일 거라고 생각하기 힘들다. 예전에 변소가 비위생적이고 또한 어두워서 낙상하거나 똥통에 빠지는 등의 사고가 쉬이 일어나는 장소였기에 그걸 경계하라는 의미에서 무섭고 사나운 신을 배치했을 것이다.

제주도 설화에 의하면 조왕신과 측신은 원수지간이다. 조왕신이나 측신이 집안 신이 되기 전에 있었던 일 때문이다. 측신이 조왕신의 남편을 빼앗고 아들들까지 죽이려다 오히려 죽임을 당했다는 설화인데, 악을 행한 측신은 집에서 가장 냄새나고 더러운 곳을 맡게 된 것이고, 조왕신은 집에서 가장 중요한 장소를 맡게 된 것이다. 조왕신과 측신이 사이가 나쁘다는 설화 또한 하나의 주술로 작용한다. 측간에 갔다가 부엌으로 갈 때 측신과 조왕신 간에 다툼이 벌어질 수 있으니 조심을 해야 한다는 주술이다. 이는 비위생적인 측간에 다녀와서 부엌에서 음식을 만들 때는 위생에 조심하라는 뜻이 담겨있다.

안채 말고도 내부공간들이 다수 있다, 곳간도 있고 외양간도 있다. 이곳에 조차도 귀신이 산다. 곳간에는 곳간신이 산다. 곳간신은 쌀을 비롯한 집안의 귀한 재물을 보관하는 곳간을 맡아 지킨다. 외양간에는 군웅이 있다. 소를 관장하는 신이다. 농가에서는 소가 가장 중요한 재산이며 동시에 가족같은 존재다. 뉴타운의 강아지 만큼이나 가족과 같은 존재다. 강아지가 주인과 주로 기쁨을 함께한다면 소는 노동의 고통과 세상살이의 시름을 같이 하는 존재였다. 그렇기에 마을 사람들은 소를 위해 군웅신을 붙여 주었다.

집 안팎으로 이렇게 많은 신들이 있지만 그중에서도 가장 중요한 것은 조상신이다. 다른 신들이야 믿거나 말거나 할 수 있지만 조상신은 다르다. 조상신은 사당에 위패 형식의 신체로 모셔진다. 형편이 어려워서 사당을 별도로 마련하지 못한다면 사랑채에 방 한 칸을 마련해서 모신다. 그도 어렵다면 사랑방 한쪽 벽에 벽감을 만들어 모신다. 마을의 집 안 사람은 조상신과 항상 함께 하는 것이다.

집 안팎 곳곳에서 예상치 않게 발생하는 화를 조절하기 위해서 배치되었던 신들은 뉴타운의 아파트에선 거의 일자리를 잃게 되었다. 여전히 싱크대 위에 떠 놓는 정한수가 조왕신을, 베란다에 떠 놓는 물 한사발이 칠성신을 붙들고 있기는 하지만 그 이외엔 모든 신들이 집을 떠나 버리고 말았다. 대문신은 세콤이 대신하고 불을 지키던 조왕신은 가스누설방지장치가, 터주신은 방진장치가, 지붕신은 피뢰침이 대신한다. 뉴타운의 자식들은 부모가 귀신과 함께 살았다는 것은 상상도 못한다.

텔레비전에서 밀양 송전탑 사태가 뉴스로 보도된다. 마을 사람들은 조상 대대로 살아온 땅을 떠날 수 없다고 한다. 어떤 이는 조상의 혼이 깃든 이곳을 떠날 수 없다고도 한다. 마을 사람 부모는 그 심정을 이해한다. 온갖 신과 함께 살아온 집을 떠난다는 것이 얼마나 어려운 일인지를. 집을 버리고 떠나는 것은 거기에 같이 살던 온갖 귀신을 저버리고 떠나는 일이다. 귀신들의 해코지가 생생하게 눈에 보일 듯하다. 더군다나 집은 조상신이 머물러 사는 곳이 아닌가.

자식이 묻는다. 보상금 더 받자고 저러는 게 아니냐고. 부모에게 자식을 이해시킬 방법이 없다. 마을의 집에서 자식이 그 귀신들을 직접 만나보기 전에는.

경복궁 웃는 해태

12. 아버지 같은 아버지 vs. 친구 같은 아버지

사랑채 주인과 베란다 주인

자식의 뉴타운 아파트에선 베란다에서 뭔가를 하는 아버지를 종종 발견하게 된다. 베란다는 아파트 영역 중 외부 공간에 가장 가깝다. 화초를 키우기도 하고 기구를 이용해서 운동을 하기도 한다. 그렇지만 뭐니 뭐니 해도 베란다의 주된 용도는 빨래를 널기 위한 장소이다. 베란다는 주로 빨래를 널기 위해 잠깐씩 나와 있는 공간이다 보니 그곳에서 사람이 보이기라도 하면 좀 당황스럽다. 남의 집 베란다를 생각없이 쳐다보다가 그곳에 서 있는 사람과 눈이 마주치면 그것만큼 어색한 일도 없다.

아파트 가족 구성원 중에서 베란다를 가장 많이 애용하는 사람은 빨래 널기를 제외한다면 그 집 아버지다. 아버지는 담배를 피우기 위해서 베란다를 찾는다. 예전 같으면 집 안에서 피웠을테지만 간

접흡연도 건강을 해칠 수 있다는 것이 상식이 된 터라 실내 흡연은 부도덕한 일이 되었다. 가족들의 건강을 위해서 그리고 부도덕한 인간이 되지 않기 위해 아버지는 베란다를 선택한다.

베란다에서 담배를 피우는 아버지들은 가끔씩 건너편 동 베란다에서 담배를 피우는 또다른 아버지를 발견하기도 한다. 그런 때는 반가운 마음이 들기도 하지만 내 모습도 저러려니 하는 생각에 이내 쓸쓸한 마음이 되기도 한다.

이제 흡연에 대한 거부감은 더 심해져서 베란다도 마음놓고 담배를 피울 장소가 못된다. 베란다 틈새를 타고 위아래 층으로 퍼지는 담배 냄새는 이웃의 원성을 산다. 아파트 관리실에서는 하루가 멀다 하고 베란다에서 담배 피우기를 자제해 달라는 안내 방송을 한다. 흡연자 아버지들은 갈 데가 없게 되었다. 하지만 아파트에 자기만을 위한 공간이 없기는 비흡연자 아버지들도 마찬가지다. 아파트에 아버지를 위한 공간은 없다.

핵가족이 일반화된 요즘 세상에 아파트에선 대개 모든 가족 구성원이 방 하나씩을 차지하고 산다. 예외가 딱 하나 있는데 부부를 위한 공간이다. 부부에게는 그 집에서 가장 넓고 빛도 잘 들어오는 위치에 놓인 안방이 배정된다. 안방이 아버지의 방이라고 주장할 수도 있겠지만 실상은 그렇지 않다. 안방에는 그곳이 아버지의 영역이라는 것을 표시해 줄 만한 것이 아무것도 없다. 안방 한 편에 놓인 화장대가 그곳이 엄마의 공간이라는 것을 웅변해 준다. 아버지에게 안방은 잠자는 곳일 뿐 실상 안방은 엄마의 방이다.

아파트 내 다른 방들은 모두 자식들이 하나씩 차지하고 있다. 남은 것은 공용공간 뿐이다. 부엌, 식당, 화장실, 그리고 거실이다. 부엌과 식당은 공용 공간이라 하기도 하고 반공용 혹은 반사적 공간으로 부르기도 한다. 가족들이 함께 사용하는 공간이지만 그곳을 주로 사용하는 사람이 따로 있다. 주부이다. 한 집안의 주부는 엄마라고 딱히 잘라 말할 필요가 없다. 아버지가 될 수도 있고 자녀가 될 수도 있다. 하지만 대개의 경우 주부 역할을 하는 사람은 엄마다. 그러니 굳이 따지자면 부엌이나 식당의 주인은 엄마다.

화장실은 분명히 공용 공간이다. 특정 시간대를 고른다면 혼자 독차지 할 수 있는 공간이기는 하다. 어떤 집에서는 화장실에 잡지를 비치해 놓기도 한다. 화장실이 예전처럼 생리적 욕구를 해결하는 공간만은 아닌 것도 틀림없다. 하지만 화장실 변기에 앉아서 잡지를 읽는다 해도 그곳이 마음놓고 남의 간섭을 받지 않을 만한 사적인 공간이 되지는 못한다. 아버지가 자기만의 공간으로 사용하기에는 부족한 게 너무 많다.

이제 남은 것은 거실이다. 거실은 명실상부하게 거주공간이다. 화장실이나 식당과는 달리 다양한 행위를 하면서 오랜 시간 동안 머물러 있을 수 있게 만들어진 공간이라는 얘기다. 거실엔 대체로 소파와 탁자 그리고 텔레비전이 갖추어져 있다. 소파 깊숙이 몸을 파묻고 탁자에 발을 올린 상태로 커피를 홀짝거리면서 텔레비전을 본다면 거실이 여러 명이 공용으로 사용하는 공간임에도 불구하고 자기만의 공간을 차지하고 있다는 느낌을 가질 수 있다.

그런데 거실조차도 아버지의 공간이 되기에는 어려움이 많다. 거실은 주로 어머니와 자식들의 공간이다. 그것이 그리 될 수밖에 없는 것이 아버지는 주말을 제외하고는 대체로 집에 늦게 들어오는 편이다. 주중 내내 거실을 차지하고 있는 건 어머니와 자식들. 주말이 되어 거실에 나타난 아버지는 침입자이다. 어머니와 자식들이 거실 내에서도 자신의 소영역을 갈라 차지하고 누리던 평화를 파괴하는 침입자. 거실 소파가 다인용과 주인이 사용하는 일인용 소파가 흔히 같이 있는 것도 원래는 이럴 때를 대비한 것이다. 하지만 주중에 일인용 소파를 아버지의 자리로 남겨두는 집이 어디 있겠는가. 일인용 소파는 엄마나 그 집 큰 아이의 몫이다. 주말이 되어 아버지가 일인용 소파의 소유권을 주장하고 나서면 그들은 원래 당연하게 자기의 것인 물건을 빼앗기는 느낌을 잠시라도 받게 된다. 아버지만의 공간은 아파트 내 어디에도 없다. 가족 구성원 중에 자신만의 공간이 없는 사람은 아버지가 유일하다.

아파트에서 아버지만의 공간이 사라지게 된 큰 이유 중 하나는 거실의 도입과 그 용도의 변화다. 우리나라의 전통적인 주택에는 원래 거실이라는 게 없었다. 거실은 서양식 주거 개념이다. 우리나라에 다양한 '서양식'이 도입되었는데 거실도 그중 하나다. 그 전에는 거실과 유사한 기능을 한 것이 대청마루와 안방이다. 대청마루에 모여 밥도 같이 먹고 특별한 날이면 가족 단란을 위한 놀이가 행해지기도 했다. 그런데 대청마루는 문 없이 외부로 개방된 공간인 경우가 많았고, 거실이 도입되면서 그 흉내를 내서 문으로 막아 내부 공간으로 만들기도 했지만 우리나라의 혹독한 겨울철을 지내기에는 역부족이었다. 겨울철이 오면 대청마루를 대신하는 것이 안방이다. 안방에 모여 밥도 먹고 같이 놀이도 한다. 텔레비젼이 도입되기 시작하면서부터는 텔레비젼은 안방 차지가 된다.

집장사 집 대청

주택의 빅스타 자리를 반세기 넘어 차지하고 있는 텔레비젼이 가족의 공동 사용 공간인 대청에 놓이지 않고 안방에 놓이게 된 것이 의아할 수도 있다. 특별히 다른 이유가 없다면 텔레비젼을 거실에 놓는 것이 일반적인 현상이라고 이해하는 뉴타운 사람들에게는 더욱 그럴 수 있다. 그런데 텔레비젼이 대청마루에 놓이지 못한 데는 분명한 이유가 있다. 가장 큰 이유는 옛날 대청마루는 집안의 중심을 차지하는 주요 공간이기는 하지만 그 대청마루가 주변의 각 방을 연결하는 통로 역할을 하고 있었다는 점이다. 안방에서 건넌방을 가거나 건넌방에서 화장실을 가거나 혹은 부엌을 가고자 할 때를 포함해 언제나 가족 구성원은 대청마루를 가로질러 가야 한다. 텔레비젼을 대청마루 한 편에 한갓지게 놓아 둘 형편이 안된다. 텔레

현재 주택의 거실

비젼은 사람들의 동선을 방해하는 장애물이 되기 십상이다.

텔레비젼이 안방으로 들어간 또 하나의 이유는 그것이 세상에 나온 초기에는 아주 귀중한 물건이었기 때문이다. 흔히 말하는 재산 목록 서열에서 아주 높은 자리를 차지하고 있었다. 집이 당연히 1위

라면 텔레비전이 2~3위 정도는 너끈히 차지한다. 가장 중요한 것은 그 집의 주인인 아버지의 공간, 즉 안방에 들어가야 마땅했다.

서양에서 도입된 거실이 점차적으로 진화를 거듭해서 현대와 같은 공간구조, 즉 주택의 중앙에 위치해서 모든 다른 실로부터 접근성이 좋고 동시에 통과 동선으로 사용되지 않는 구조로 발전하면서 텔레비전은 거실로 나오게 된다. 물론 이때 쯤 되면 집안의 재산 목록 서열에도 변화가 생긴 것은 물론이다.

거실은 공간 구조상 다른 공간들 사이에서 일어나는 행동을 감시하기 좋은 위치를 차지한다. 또한 집안의 거의 유일한 오락거리인 텔레비전이 거실에 자리를 잡으면서 거실은 아주 오래 머무는 공간이 된다. 가족은 잠잘 때와 밥 먹을 때만 빼놓고는 거실에 머무른다. 거실은 뜻하지 않게 공용 감시 타워가 된다. 각자의 개인방에 머무르던 누군가가 뭔가 하려하면 거실에 있는 가족의 눈을 피해서 그리 할 수는 없다. 물 마시러 부엌으로 가든, 화장실을 가든 감시 타워의 간수에게 즉각적으로 노출된다. 이로써 아버지가 엄마로부터 세들어 사는 안방에서 조차도 완성된 형태의 사적인 공간을 즐기는 것은 불가능하게 된다. 거실이 주택의 중앙을 차지하고 또한 텔레비전의 도입으로 명실상부한 감시 타워가 되었다는 것은 아버지의 프라이버시가 제대로 지켜지기 어렵게 만드는 또다른 상황을 만들어 낸다.

거실이 도입되고 한편에선 안방의 기능에 변화가 일어나던 1980년

두 개의 안방을 가지는 아파트

대 초 쯤 아파트 평면 구성에서 선풍적인 인기를 끌었던 아이디어가 나타났다. 거실에서 안방으로 들어가면 다시 안방에서 조그만 홀로 들어가게 되는데 그 홀에 화장실이 붙어있고 좀 더 안쪽으로 들어가면 안방이 하나 더 나타나는 구조다. 안방이 두 개가 있는 공간 구조다. 두 개의 안방에서는 무슨 일이 일어난 것일까?

1980년대 아파트에서 거실은 공간 구조상으로는 확고한 자리를 차지하고는 있었지만 그 사용행태는 진화 단계에 있었다. 과거 대청과 안방이 나누어 담당하고 있던 기능을 거실이 통합해서 담당하는 구조는 확실했지만, 사람들은 습관적으로 안방에서 거실의 일부 기능을 수행했다. 안방에서 식사를 하기도 하고 온 식구가 모여 놀기도 했다. 이런 상황에서 부부를 위한 좀 더 개인적인 공간을 제공하기 위해 고안된 것이 두 번째 안방이다.

첫 번째 안방은 온돌방으로 사용하게 되어있다. 이 방에서는 필요에 따라 밥상을 가져다 놓을 수도 있고 윷놀이를 하자면 담요를 깔 수도 있다. 두 번째 안방은 침대를 비치해서 부부만을 위한 침실로 사용하게 되어있다.

두 번째 안방을 가지는 공간 구조의 특징은 안방 하나를 가지는 구조와 비교해서 보자면 공간의 깊이가 깊어진다는 것이다. 안방 한 개짜리 구조는 거실에서 안방까지 하나의 깊이를 가진다. 반면에 안방 두 개짜리 구조는 거실에서 홀을 거쳐 그리고 두 번째 안방으로 진입하게 되어있어 세 단계를 거쳐 들어간다. 깊이가 3인 셈이다. 깊이가 3인 것은 중간에 거치는 공간에서 각각 서로 다른 이벤트가 일어난다는 것을 의미한다. 달리 말하자면 특정 영역에서 또 다른 영역까지의 심리적 거리가 길어지는 셈이다. 이렇게 확보된 심리적 거리는 두 번째 방의 프라이버시를 높여주는 기능을 한다.

아파트가 일반화되던 초기 시절, 거실이 제 기능대로 사용되지 않던 시절에 잠시 사용됐던 두 개의 안방 구조는 거실이 제 역할을 하게 되면서 사라졌다. 한 때 3의 깊이를 가졌던 안방은 1의 깊이로 낮아졌고 그에 따라 당연히 안방의 프라이버시의 정도도 약화되었다. 그만큼 안방에서도 세들어 사는 아버지가 자신만의 공간을 얻기는 더 어려운 상황이 되었다.

마을의 아버지 집으로 가보자. 거기엔 아버지의 공간이 확실하게 존재했다. 우선 전통 한옥의 공간 구조를 살펴보자. 전통 한옥에서는 영역 구분이 확실하다. 안채, 사랑채, 그리고 행랑채가 있다. 집의 동선은 행랑채를 통해, 사랑채를 거쳐서 안채로 들어가게 되어 있다. 안채와 사랑채 영역 사이에는 중문간이 위치하고 있어서 서로의 생활 영역이 달라 자식이 아버지의 모습을 아무 때나 볼 수 있는 게 아니다. 아버지가 의관을 갖추어 입고 안방에 식사를 할 때 그리고 겸상이 허락된다면 그 때나 아버지의 모습을 볼 수 있다. 안방에서 부모와 같이 담소를 즐기는 시간도 마찬가지다. 아버지는 사랑채에서 의관을 정제하고 준비된 상태로 안채로 들어선다. 항상 멋지고 때로 엄한 모습으로 나타나는 아버지에게 권위는 자연스러운 것이다.

사랑채와 행랑채의 관계는 어떤가? 사랑채와 행랑채의 관계는 안채와 관계와는 또 다르다. 시각적 간섭이 상호 가능하게 되어 있다. 사랑채에서는 행랑채에서 일어나는 일들을 속속들이 알 수 있다. 행랑채에서도 마찬가지다. 행랑채에서 사랑채로 향하는 시선이 가려져 있지 않다. 자칫 사랑채 아버지의 모든 것이 노출되어 뉴타운 아파트에서처럼 아버지의 권위가 손상될 우려가 있다. 이때를 대비한 장치들이 있다.

사랑채는 높이 차이를 이용해서 행랑채의 시선을 통제한다. 행랑마당에 선 하인이 사랑채를 들여다보는 것은 불가능하다. 사랑채가 한 길 정도 더 높이 위치하기 때문이다. 하인이 쳐다볼 수 있는 것은 기껏해야 주인의 버선발 정도다. 주인의 얼굴을 쳐다보자면 고개를 한껏 치켜 올려야 한다. 특별한 경우가 아니라면 이는 매우 불경한 행동이다. 그러니 일상적 생활에서는 허용되지 않는다.

사랑채의 높이를 이용한 권위 세우기가 작동하기를 잠시 멈추는 대목이 있다. 사랑채에서 중문간을 거쳐 안채로 들어갈 때다. 중문간은 행랑채에서 안채를 들어갈 때도 사용한다. 그러니 당연히 사랑채로 진입하는 주인이 같은 높이에서 포착되는 일이 벌어진다. 이 시점에서는 주인의 권위를 지켜줄 어떤 장치도 작동하지 않는 것처럼 보인다. 하지만 있다. 사랑채에서 덜 갖추어진 의관을 한 채 중문간을 통과하지 않도록 할 수 있게 해주는 통로를 별도로 만든다. 바깥 나들이에서 안채로 들어가는 주인은 제대로 정제된 의관을 하고 있으니 그나마 행랑채의 시선으로부터 자신의 권위를 지킬 소품이 갖추어 진 셈이다. 그러나 사랑채에서 안채로 들어갈 때 그만한 소품을 갖추기는 너무 번거롭다. 이때를 위해서 사랑채에서 안채로 숨어들어갈 수 있는 샛길을 만든다.

아버지의 마을의 집에는 아버지만의 공간이 있다. 흐트러지고 약한 모습을 드러내도 다른 가족의 시선으로부터 보호받을 수 있는 공간이 있다. 공간 뿐만이 아니다. 아버지만을 위한 통로까지도 존재한다. 아버지의 프라이버시를 아주 높은 강도로 보호하는 영역과 통로의 존재는 그곳에 사는 아버지의 권위를 만드는데 대단히 효과적으로 작동한다. 마을 집에서 아버지가 얼마나 권위있는 존재였는지를 뉴타운의 사람들은 상상도 하기 힘들 것이다. 거기서 아버지는

사랑채에서 안채로 가는 샛길

신적인 존재였다.

마을의 집에서는 새 집을 짓거나 대주가 바뀌면 성주신을 새로 모신다. 성주신은 예전 마을 집에 우리와 함께 살았던 신들 중에서 집 전체를 관장하는 가장 위계가 높은 신이다. 새 집을 짓게 되면 성주신의 신체로 사용할 성주목을 구해와서 집안에 모시는 의식을 치른다.

성주신이 집안 다른 신들에 비해 독특한 것은 성주신은 그 집의 대주와 운명을 함께 한다는 점이다. 마을 집의 아버지가 돌아가시고 그 아들이 대주를 물려받게 되면 성주신을 새로 모신다. 이전의 성주신은 돌아가신 대주와 함께 집을 나가게 되고 새로이 성주목을 들여와 새로운 대주와 함께 하는 성주신을 모시는 것이다. 마을 집에서 대주, 즉 아버지는 성주신과 동급이었다.

누군가는 아버지의 집에 제대로 된 한옥만이 있었던 건 아니라고 말하고 싶을 것이다. 비율로 볼 때 제대로 된 한옥에서 살던 아버지는 얼마되지 않는다. 대부분의 아버지들은 한옥도 아니지만 그렇다고 번듯한 양옥집이라고 부르기도 뭣한 정도의 집장사 집에 살았다. 거기엔 한옥 만큼 아버지의 권위를 효과적으로 지켜 줄 영역과 통로가 있지는 않다. 하지만 뉴타운의 아파트 만큼 적나라하게 아버지를 노출시키지는 않는다. 세 가지 면에서 그렇다.

아버지의 마을에서 흔히 보이는 집장사 집에서 대청마루는 지금의 거실과는 다른 기능을 하고 있었다. 대청마루는 가족들이 거주하는 공간이 아니었다. 밥을 먹거나 가족 놀이를 하는 경우가 아니라면 대청마루는 통과 동선의 일부이다. 아파트의 거실에서 처럼 아버지의 일거수 일투족이 감시되게 하는 장소도 아니다. 한편으로는 자식들이 아버지의 방으로 들어가는 과정에 위치하는 중간 영역으로 존재하면서 아버지 영역까지의 심리적 거리를 늘려주는 역할을 한다. 아버지의 공간의 프라이버시를 높여주는 역할을 하는 것이다.

아버지의 마을 집의 또 하나 특징은 대개 별채가 있다는 점이다. 마을의 집에서는 자식의 수가 늘어나면 별채를 지어서 방을 마련하는 경우가 많았다. 자식들이 성장하면서 프라이버시에 대한 요구가 늘어나면서 자신만의 공간이 필요하게 되면 별채를 들인다. 별채는 자식들에게 프라이버시를 제공하는 역할을 하지만 반대의 시각에서 보면 아버지가 프라이버시를 획득하는 일도 된다.

세 번째는 좀더 미묘하다. 뉴타운의 아파트에선 아버지가 엄마 방에 세들어 살지만 마을 안방에서는 아버지와 엄마가 같이 사는 안방이거나 엄마가 아버지 방에 세들어 사는 상황이었다. 안방을 자기 방이라고 생각하고 그 안에서 거주하는데 편안함을 느끼는 정도가 마을의 집장사 집이 더 좋았다 라고 할 수 있다. 집장사 집의 아버지가 제대로 갖추어진 한옥에 사는 아버지 만큼 자기만의 공간을 가지지는 못했을지라도 아파트와 비교해 볼 때 훨씬 나은 처지였던 것은 분명하다.

아버지가 자기만의 공간을 가진다는 것은 자식들로부터 흐트러진 모습을 감추어서, 권위와 존경을 얻어낼 가능성이 높다는 것을 의미한다. 과거 마을의 아버지가 그랬다. 뉴타운의 아파트엔 아버지만의 공간은 없다. 흐트러진 모습을 안보일래야 안 보일 수 없는 노릇이다. 그러다 보니 권위나 존경을 얻기는 힘들어졌다. 하지만 민낯의 아버지 모습을 그대로 보여줘서 얻을 수 있는 것도 있다. 친밀감이다. 사회적 분위기도 그렇지만 뉴타운 아파트의 구조 자체도 아버지에게 자꾸만 친구 같은 아버지가 되라고 한다.

부모의 유년 기행

에필로그

세대 차이

한국의 20세기 후반은 여러 면에서 극심한 변화를 겪은 시기였다. 정신적으로나 물질적으로나, 혹은 정치적이든 경제적이든, 모든 분야에서 커다란 변화가 있었다. 그중에서도 특별하게 주목하지 않을 수 없는 것이 세대 간 차이다. 이 시기에는 기성세대가 아닌 후속세대를 지칭하는 다양한 용어가 사용되었다. 신세대, X세대, Y세대와 같은 신조어들이 끊임없이 만들어졌다. 20세기 후반부에 모습을 드러낸 비기성세대의 모습은 한 가지 양상으로 파악하기 힘들 정도로 변화의 폭과 깊이가 컸고 또한 지속적이었기 때문이다.

세대 차이가 20세기에만 나타난 것은 아니다. 고대 이집트에서도 세대 차이에 대한 언급이 있었다 하니 세대 차이의 역사는 수 천 년이 되는 셈이다. 이런 현상은 우리나라에서도 마찬가지였다. 세대 차이는 모든 지역에서 공통으로 그리고 통시대적으로 나타난 현상이다.

세대 차이는 역사적으로 어느 시기에나 있었지만 20세기 이전에 나타난 세대 차이는 지금처럼 심각한 사회적 문제를 초래하지는 않았다. 세대 차이란 그저 시간이 지나면 해결되는 문제였다. 청소년과 기성세대 간의 갈등은 단지 역할과 경험의 차이로부터 오는 것일 뿐이었기 때문이다. 문제를 단순화해서 보면 청소년기는 기성세대의 보호를 받으면서 세상살이를 위한 지식을 학습하는 시기라고 보고, 기성세대는 학습한 지식을 활용해서 청소년 세대를 양육하는 시기라고 볼 수 있다. 이 시기의 세대 차이는 이러한 역할 경험의 차이로부터 온다. 기성세대와 후속세대 간의 차이로 인한 갈등은 후속세대가 기성세대가 되어 역할 경험을 바꾸어 경험하면서 자연스레 해소된다.

우리 사회는 20세기를 거치면서 예전의 세대 차이와는 현격하게 다른 양상을 목격하고 있다. 이제 세대 차이를 단순한 역할 경험의 차이로 설명하기는 힘들다. 후속세대가 나이가 들어 기성세대가 된 이후에도 여전히 이전 기성세대와는 다른 가치관을 갖게 되었기 때문이다. 이런 변화의 이유로 지목되는 것이 근대와 탈근대의 경험이다.

근대란 간단하게 언급하고 넘어가도 될 정도로 단순한 개념이 아니다. 근대라는 개념은 여전히 논의가 지속되고 있을 정도로 정체를 쉽게 드러내지 않는다. 하지만 아주 단순화시켜 볼 수도 있다. 정신적 측면에서 근대화란 이성의 합리적 활용을 통한 진리적 지식의 도출이 가능한 사회로의 진입을 말한다. 몇 가지 부연 설명이 필요하다. 우선 근대사회에서는 이성이란 인간이라면 누구나 갖는 공통의 소양이라고 주장한다. 이게 중요하다. 누군 가지고 누구는 가지고 있지 못하다면 근대적 사회는 존재할 수 없다. 두 번째로는 합리적 활용이라는 것이 중요하다. 활용 방법 자체가 체계적이어서 사람 간에 이성적 능력의 차이가 있음에도 불구하고 같은 결과를 도출할 수 있다고도 주장한다. 세 번째로는 진리적이라는 말에도 그냥 지나치면 함정이 될 수도 있는 전제가 깔려 있다. 진리적이라 함은 이성을 활용해서 도출한 지식이 시간과 공간을 초월해서 적용가능하다는 의미를 가진다. 특정 시간과 공간에서 얻어낸 지식이 이성의 합리적 활용을 통해서 획득된 것이라면 다른 시간과 다른 공간에서도 적용가능하다는 얘기다.

근대가 이성의 합리적 활용을 통한 지식을 인간 행동의 옳고 그름의 판단 기준으로 받아 들였다면 근대 이전의 사회에서 이성의 역할을 한 것은 권위였다. 20세기에 나타나는 세대 차이가 시간이 지나면 저절로 해결되는 문제가 아닌 좀더 심각할 수밖에 없었던 이유가 여기에 있다. 기성세대가 행동의 판단 기준으로 삼았던 권위가 근대적 지식에 의해 한 번 무너지고 나면 기성세대와 후속세대 간에는 극복할 수 없는 간극이 생기게 된다. 이런 세대 차이를 설명하기 위해 나온 용어가 구세대와 신세대다.

근대의 경험이 세대 간 차이를 심화시키고 돌이킬 수 없는 국면을 만든 한편, 탈근대 경험은 이러한 세대 간 차이를 좀 더 심화시키고 강화시키는 계기를 만든다. 탈근대는 근대가 맹신하던 시간과 공간을 초월하는 진리적 지식의 존재 가능성에 대해서 심각한 질문을 던진다. 탈근대에서는 합리적 이성의 절대적 지위가 흔들린다. 권위가 이성에 자리를 내준 것처럼 이성도 가치 판단의 절대적 기준 자리에서 물러나야만 한다. 그런데 문제는 그 절대적 기준의 자리를 계승할 후속 가치나 개념이 없다는 데 있다. 탈근대 사회에서는 합리적 이성에 대해 문제제기만 할 뿐 어떻게 하자는 개선책을 내놓지 못한다. 무엇을 어떻게 하자고 명확히 말하는 순간 또다시 근대의 실패를 되풀이 할 것 같은 두려움 때문이다. 신세대와는 또 다른 세대의 탄생을 이해하기 위해 미지수를 의미하는 X세대란 용어를 동원한다. 그러고도 모자란다 싶었던지 Y세대, Z세대, N세대라는 용어를 사용해보기도 한다.

정신적인 측면에서 보자면 세대 간 차이를 증폭시키고 갈등을 불러일으킨 주범은 길지 않은 시간 동안에 벌어진 근대와 탈근대의 경험이다. 동 시대를 살아가는 세 세대가 존재한다. 구세대, 신세대, X, Y, 또는 Z세대.

20세기가 세대 간 갈등을 최고조에 이르게 한 것은 정신적 측면과 물질적 측면의 변화가 결합되었기 때문이다. 우리나라의 20세기는 물질적 측면에서 볼 때 산업화 시대로 지칭할 수 있다. 경제활동의 중심이 농업에서 2차, 3차 산업으로 옮겨가는 변화를 겪었다.

1차 산업인 농업과 2, 3차 산업 간에는 많은 차이가 존재한다. 건축 도시의 관점에서 보자면 1차 산업과 비교했을 때 2, 3차 산업의 특징은 크게 보아 두 가지다. 하나는 인구 밀집 지역인 도시를 필요로 한다는 것이고, 두 번째는 경제활동 단위가 1차 산업이 대가족인데 비해 핵가족이라는 점이다. 농업 경제에서는 일정한 농경지 주변에 모여 살면서 공동으로 경작할 필요가 있다. 그러다 보니 대가족제도가 유용하다. 2, 3차 산업은 1차 산업과 달리 특별한 지식과 경험이 필요하다. 한 가족 구성원이 모두 같은 지식과 경험을 보유하고 동일한 작업을 수행하기 어렵다. 당연히 2, 3차 산업은 핵가족 수준의 부양가족만을 포함한 개인 단위로 고용한다.

산업화는 도시화와 핵가족화를 요구한다. 이 두 가지 모두 전통적인 농업경제 체제하에서는 겪어보지 못한 경험이었다. 이런 상황은 근대의 정신적 가치, 즉 이성의 합리적 작용을 통해 얻은 진리의 가치가 빛을 발하게 해준다. 권위로 대표되는 과거의 전통적 가치는 쉽게 힘을 잃는다. 하지만 이것도 잠시일 뿐이다. 도시화와 핵가족화로 얻어진 산업사회는 곧 나름의 부작용을 드러내며 그것의 심각성은 이성의 합리적 운용마저도 의심하지 않을 수 없게 만든다.

20세기의 세대 차이는 정신적으로는 근대 및 탈근대의 경험으로 인해, 물질적으로는 산업화의 영향으로 그 이전의 세대 차이와 차원을 달리하게 된다. 근대 경험과 산업화는 별개의 사건이다. 근대 경험이 산업화를 필연적으로 일으키는 것도 아니고 산업화 경험이 반드시 근대를 여는 것도 아니다. 그러나 근대 경험과 산업화가 같은 시기에 진행되면서 두 개의 사건은 서로를 위한 추진력이 되었다.

근대적 건축가의 탄생

근대와 탈근대의 경험, 그리고 산업화 사회로의 진입이 전통적 가치체계를 붕괴시키고 새로운 가치체계의 도입을 강제한 것과 비슷한 상황이 건축에서도 일어난다. 건축에서는 근대적 경험에 대해서는 모더니즘으로, 탈근대에 대해서는 포스트모더니즘으로 대응한다. 모더니즘 이전의 건축에서는 전통적 경험을 이용했다면, 모더니즘 건축은 합리적 이성의 작용을 통해 얻은 진리적 지식에 의존한다. 이 과정에서 과거에 활용하던 경험 중에서 합리적 이성의 틀에 부합하지 못하는 것들은 건축방법론으로서의 지위를 얻지 못한다. 한편 이성의 활동으로 새롭게 발견, 발명된 과학적 지식이 추가된다.

풍석 서유구의 임원경제지를 보면 마을이 만들어지던 시기의 옛 건축 방법에 대해서 알 수 있다. 집의 터를 잡을 때 뒤가 높고 앞이 낮은 지형은 해가 잘 들어서 좋다는 서술이 있다. 이런 방법은 현대 건축계획에도 여전히 사용된다. 뒤가 높고 앞이 낮으면 채광과 통풍 그리고 시야확보에 유리하다고 현대 건축계획각론에도 쓰여 있다. 한편 집의 터를 잡을 때 동쪽이 높고 서쪽이 낮으면 길하다는 서술도 있다. 이런 방법은 정말로 효과가 있는지 합리적으로 판단할 근거가 없다. 그러기에 현대 건축계획에서는 배제된다. 풍석의 시대에는 없던 건축기술이 많이 발명되었다. 그중에 대표적인 것을 들어 보자면 엘리베이터가 있다. 현대 건축계획에서는 엘리베이터를 이용하여 고층 고밀도화 방법들이 연구되고 활용 가능한 지식으로 추가된다.

부모가 살았던 마을에 대한 건축가의 건축방법론은 경험의 집단적 활용이었다. 반면 자식이 사는 뉴타운의 건축가는 학습으로 익힌 건축방법론을 개인적으로 활용한다. 이러한 건축생산방식의 변화는 마을 만들기와 뉴타운 건설에 커다란 차이를 가져온다.

마을 만들기와 뉴타운 건설 목적의 차이

마을과 뉴타운 간에 차이를 가져온 가장 주된 요인은 마을 만들기와 뉴타운 건설은 목적이 다르다는 점이다. 뉴타운 건설의 직접적 계기는 산업화 사회의 도래다. 산업화 사회는 앞서 언급한 것과 같이 도시화와 핵가족화를 동반한다. 도시화에 대응하기 위해 뉴타운 건설자는 도시를 건설하고 늘어난 가족 수 만큼 주택을 공급해야 했다. 반면 마을에서는 대규모 인구 증가나 인구 이동이 거의 없다. 대량의 주택을 공급해야 할 일도, 신도시를 건설할 일도 없다. 그 시대의 건축의 목적은 기존 도시에 소량의 주택을 공급하는 일이었다.

마을 건축과 뉴타운 건설의 다른 점은 건축물 이용자에서도 나타난다. 마을 건축은 특정인을 대상으로 한다. 자기 스스로 집을 짓는 경우라면 더욱 그렇고 목수를 불러 짓더라도 마찬가지다. 마을 건축은 어떤 특정인을 위한 집짓기이다. 뉴타운은 다르다. 뉴타운에서는 어떤 집에 누가 살게 될지 알지 못한다. 불특정 다수를 대상으로 한다. 맞춤복과 기성복의 차이와도 같다. 이러한 차이는 건축계획 시 판단 기준에도 영향을 미친다.

판단 기준, 건축계획 방법론, 그리고 가치관 차이

마을 만들기에서 선택의 기준은 산업화 이전 권위로 대표되는 전통 사회의 가치관을 유지 강화하는 것이다. 전통적 가치관의 수혜자라면 당연히 그럴 것이고 반대로 그렇지 못하다 해도 다른 선택을 할 수가 없다. 전통적 가치관의 수혜자가 다른 선택을 방해하기 때문이다. 뉴타운 건설에서 건축계획 시 판단기준은 효율과 형평성이다. 효율을 좀 더 구체적으로 살펴보자면 동선의 효율과 공간 활용의 효율이다. 이렇게 마을과 뉴타운에는 서로 다른 판단기준과 건축계획 방법론 그리고 가치관이 작용한다. 그 결과는 영역 만들기와 통로 만들기에서의 물리적인 차이로 나타난다.

마을과 뉴타운의 영역 만들기 차이

공간 활용에서 효율성 추구는 주로 영역 만들기에 영향을 미친다. 그로 인해 나타나는 마을과 뉴타운의 차이로 첫 번째로 주목할 것은 용도 복합이다. 특정 기능을 수행할 때 최고도의 효율을 확보하기 위해서는 특정 기능만을 위한 전용 공간을 제공하는 것이 좋다. 마을에서는 용도 복합이, 반면에 뉴타운에서는 용도 전용화가 두드러진다.

마을의 안방에는 다양한 기능이 복합되어 있었다. 주인 부부의 침실이면서 가족들의 단란한 시간을 위한 공간이기도 했다. 안방이

이 두 가지 기능을 모두 수행하는데 문제가 있다고 느끼지는 않았지만 침실의 기능을 강화하면서 동시에 가족 친화의 기능을 제고하자면 이 둘을 위한 전용공간을 각각 마련해 주는 것이 효과적이다. 안방은 침실 기능으로 두고 주택에 거실을 추가하여 가족의 단란과 접객 기능으로 사용하게 된다.

전용 공간을 제공하는 경향은 비단 주택 차원에서만 일어나는 것이 아니다. 도시 차원에서도 마찬가지다. 과거 마을에서는 주거 활동과 산업 활동이 섞여있었다. 주택 옆에 농경지가 있고, 대장간도 있고, 상점도 있는 식이다. 뉴타운에선 사정이 달라진다. 주거활동 구역과 산업 활동 구역은 확실하게 분리된다. 뿐만 아니라 산업 활동도 그 성격에 따라 구역이 분리된다. 상이한 기능을 수행하는 공간들은 서로 떼어 놓는다. 다른 기능과 섞여 있으면 상호 방해가 될 수 있기 때문이다. 반면 유사한 기능을 수행하는 공간끼리 붙여 놓는다. 일의 효율을 높일 수 있기 때문이다. 이렇게 전용 공간을 제공하면서 유사한 기능끼리는 붙여 놓고 성격이 다른 기능일수록 더 멀리 떼어 놓는 방법을 일반적으로 조닝(zoning)이라고 부른다.

조닝은 역사적으로 일의 효율을 높이는 장점을 가지는 것으로 확인되었다. 하지만 조닝이 가지는 불가피한 부작용 또한 인지하게 된다. 같은 장소에 주택과 농경지와 대장간과 상점이 뒤섞여 있을 때의 생동감이 사라졌다는 것을 발견한다. 이런 상황에 대응하기 위해 현대 건축가들은 '뉴 어바니즘 new urbanism'이라는 새로운 이론을 만들어 낸다. 이 이론은 지나친 조닝을 피하고 일정 부분 용도의 혼합을 적극적으로 사용하는 것이 더 좋다고 주장한다. 실제로 '뉴 어바니즘'은 지나친 조닝으로 인해 사라졌던 도시의 생동감을 되살리는 데 큰 역할을 했다. 그런데 '뉴 어바니즘'이란 것도 그리 새로운 것은 아니다. 마을에는 전통적으로 있었지만 근대적이지 않다고 해서 무시했던 방법을 다시 찾아내어 사용한 것이기 때문이다.

다용도 공간의 사용이 사람들의 가치관에 미치는 영향은 계층 간 교류에 얼마나 익숙해져 있는가에서 나타난다. 전용 공간을 사용하는 사람들은 다른 사람과의 교류가 그리 중요하지 않다. 그러나 다용도 공간 사용자에게 같은 공간을 공유하는 다른 사람들과의 교류는 피할 수 없는 것이다. 마을에서 찾을 수 있는 이에 해당하는 사례로는 셋방 주택이 있다. 셋방 주택은 공간 구조상 1가구 1주택일 수밖에 없는 아파트와 달리 경제적으로 계층이 다른 사람들과의 자연스러운 교류를 경험하게 만든다. 공터는 더 극적인 사례가 된다. 공터를 시간적으로 나누어 사용하는 과정을 통해 마을 사람들은 더불어 사는 법을 자연스레 몸에 익힌다.

두 번째 차이는 마을의 영역은 중층적 구조를 가지는데 비해, 뉴타운의 영역은 그런 성격이 약하다는 것이다. 중층적 구조란 여러 겹의 껍질을 가진다는 것이다. 중층적이지 않다는 것은 한 겹의 껍질을 가진다고 보면 된다. 마을의 영역은 여러 개의 껍질을 가진다. 겉에서 안으로 들어갈수록 공적 영역에서 사적 영역으로 진입하게 된다. 마을의 길 구조에서 분명하게 드러난다. 마을 집으로 가는 사람들은 기차역에서 내려 마을로, 동네로, 골목으로, 그리고 마침내 자기 집으로 들어가게 된다. 도시라는 껍질을 까면 마을이 나오고, 마을이라는 껍질 안에는 동네가, 그리고 동네라는 껍질 안에는 골목이 있다. 골목이라는 껍질을 열고 들어가야 비로소 자기 집에 도착할 수 있게 된다. 반면에 뉴타운에서는 도시에서 바로 자기 집이다. 중간에 거쳐야 하는 다른 영역들은 존재하지 않는다.

중층적 영역 구조가 사람들에게 미치는 영향은 소속감과 집단 프라이버시의 형성이다. 한 껍질 안에 들어 있는 사람들은 강한 소속감을 갖게 된다. 한편 같은 껍질 안에 들어 있는 사람들은 다른 껍질에 있는 사람들에게는 내보이지는 않는 사적 생활을 공유할 수 있다. 집단 프라이버시를 공유한다는 얘기다. 두 가족을 생각하면 간단하다. 한 가족끼리는 내보여도 되는 사생활도 다른 가족에게는 내보이지 않는 경우가 많다. 프라이버시가 개인 차원에서만 존재하는 것이 아니라 집단 차원에서도 존재한다는 것을 알 수 있다. 소속감과 집단 프라이버시는 마을의 기차역과 나뭇가지형 길, 가족탕 그리고 집성촌에서 확인된다.

세 번째 차이는 영역의 겹침이다. 두 개의 영역 사이에 포함 관계뿐만 아니라 교집합이 존재하는 경우도 존재한다. 마을에서는 겹치는 영역이 자주 발견된다. 셋방 주택에서 마당이 그런 사례가 된다. 셋방 주택의 경우 담장 안에 셋집과 주인집이라는 두 개의 영역이 존재한다. 마당은 이 둘 사이에서 주인집과 셋집 간의 경계가 아닌 겹침의 영역으로 존재한다. 마당은 때로 주인집의 영역이 되기도 하고 셋집의 영역이 되기도 하며 또한 때로는 주인집과 셋집 공동의 영역이 되기도 한다. 나뭇가지형 길에서 길이 갈라지는 곳의 영역성도 유사하다. 그곳은 위쪽 동네에 포함되기도 하고 또한 아래쪽 동네에 포함되기도 한다. 때로는 아랫동네와 윗동네가 만나는 공동의 영역이 되기도 한다.

영역의 겹침이 사람들에게 미치는 영향은 다용도 공간이 미치는 영향과 유사하다. 영역의 겹침은 집단별 고유 영역을 견고하게 유지하면서 필요한 경우 집단 간 교류를 촉진하는 역할을 한다. 현대 도시에서는 철저한 조닝을 통해서 영역의 겹침을 방지한다. '뉴 어바니즘'이 용도의 복합을 추구한다 해도 그건 어디까지나 하나의 영역 내에서 다양한 활동이 일어나도록 배려할 뿐이다. 두 개 이상의 영역이 겹치는 것까지를 포함하지는 않는다. 뉴타운에서는 계층 간의 충돌이 철저하게 배제되지만 한 번 충돌하면 돌이키기 어려운 상황으로 진전하기 쉽다. 반면 마을에서는 겹침 구간에서 항상 끊임없는 집단 간 긴장이 발생과 소멸을 반복한다. 그러는 중에 서로 같이 살아가는 방법을 터득하게 된다.

네 번째는 일견 무의미해 보이는 영역의 존재다. 설계도면을 살펴보자면 뉴타운의 모든 영역에는 이름이 붙어 있다. 어느 한구석이라도 이름이 붙어 있지 않은 곳이 없다. 이름은 대체로 그 영역이 수행하는 기능을 대표하는 단어를 사용한다. 이름을 보면 무슨 기능을 하도록 고안된 영역인지를 알 수 있다. 이름이 붙어 있지 않은 영역은 '데드 스페이스'라는 꼬리표가 붙는다. 불필요하게 낭비되는 공간이란 의미가 되며 현대 건축설계에서는 반드시 피해야 할 대상이다.

마을에서는 이름이 붙어 있지 않은 공간이 많다. 자연스럽게 생겨난 것도 있고 일부러 만들어 놓은 것도 있다. 마을에 존재하는 무명의 공간, 공터에서는 다양한 일이 벌어진다. 전용공간을 따로 만들어 주어야 할 정도로 빈번한 사용이 있지 않은 기능을 수용하기도 하고, 공식적으로 인정하기 곤란하지만 용인되어야 할 행동을 수용하기 위해 사용되기도 한다. 집 안의 이름 붙여지지 않은 공간으로 가장 대표적인 것은 뒤꼍일 것이다. 뒤꼍이라는 모호한 이름으로 불리는 그곳에선 공식적으로 인정되지 않으나 꼭 해야 할 필요가 있는 일들이 일어난다. 또는 그곳에는 귀신이 살기도 한다. 때때로 그곳은 집 안 사람과 귀신들이 함께 하기 위해 남겨진 공간이기도 하다.

다섯 번째 차이는 경계를 구성하는 방식의 차이다. 뉴타운에서 영역을 지키는 방법은 물리적으로 든든하거나 분명한 울타리를 치는 것이다. 사람이 건너지 못할 뿐만 아니라 시선조차 넘어가지 못하게 하는 높은 담장에서부터 바닥에 그려지는 패턴을 이용해서 상징적으로 사람의 접근을 막는 방법까지, 이 모든 방법들은 물리적 도구를 사용한다. 반면에 마을에는 주술이라는 아주 독특한 경계 만들기가 사용되기도 한다. 마을의 상엿집과 당집은 이런 특별한 경계를 가진다. 이렇게 만들어진 경계는 단순한 경계의 의미를 넘어선다. 최초의 주술은 설화가 되어 그것을 공유하는 사람들에게 공통의 경험을 만들어 주며, 그로 인해 소속감을 가지게 해주는 역할을 하기도 한다.

마을과 뉴타운의 통로 만들기 차이

동선에서 효율성 추구는 주로 통로 만들기에 영향을 미친다. 영역을 연결하는 통로의 특징을 조절하기 위해서 사용할 수 있는 재료로는 거리, 방향, 시지각, 경로 경험이 있다. 두 영역 간의 관계를 어떻게 설정할 것인가가 결정되면 그에 맞게 이것들을 적절하게 조절하면 된다. 영역 간의 통로는 두 개의 영역을 연결하여 하나의 영역에서 다른 영역으로 이동이 가능하게 해주는 역할을 한다. 그러나 그게 다는 아니다. 통로 역할을 하면서 동시에 영역의 역할을 하기도 한다. 두 개의 영역 사이를 연결하는 통로에 창을 내고 그것을 통해서 좋은 경치를 볼 수 있게 하면 사람들은 경치를 감상하기 위해 이동속도를 줄이거나 잠시 머무르게 된다. 통로가 영역으로 활용되는 경우다. 통로 만들기는 통로의 역할과 영역의 역할, 즉 이동과 머무름 두 가지를 동시에 고려해야 한다.

두 개의 영역을 연결하는 통로의 특징은 다양할 수 있다. 신속한 이동 위주로 만들 수도 있고, 그보다는 격식이 우선 시 될 수도 있다. 공장 건축에서는 신속한 이동이 가장 중요하다. 한편 대통령 집무실로 가는 길이라면 신속한 이동이 그리 중요할 것은 없다. 오히려 통로의 거리, 방향, 시지각, 경로 경험을 조절하여 대통령의 권위를 높이는 게 좋을 수도 있다.

공장과 대통령 집무실의 예에서처럼 두 개의 영역이 있고 그것들을 통로로 연결할 때 각각의 영역의 사용자가 지정되어 있으면 좀 더 섬세한 조절이 가능하다. 그런데 사용자가 지정되어 있지 않다면 어떤 일이 벌어지는가? 사용자의 특징을 고려한다는 것은 애시 당초 불가능하다. 가장 일반적인 사용자를 상정하여 통로를 고안하게 된다.

뉴타운에서는 영역 사용자가 불특정 다수다. 영역 간에 어떤 특정한 관계를 맺어주는 것이 불가능하다. 이럴 때 사용할 수 있는 기준은 이동의 신속함이다. 영역 간 이동을 가장 빠르게 할 수 있도록 해주는 것이다. 뉴타운에서는 짧은 동선이 최고의 가치가 된다. 뉴타운의 통로 계획에서는 거리만이 중요할 뿐, 방향, 시지각, 경로 경험은 아주 부차적인 것이 된다. 가장 신속한 이동을 위해서는 방향은 중요한 게 아니다. 오히려 통로에 방향 변화가 생기는 것은 피할 일이다. 신속한 이동에 방해가 되기 때문이다. 시지각 또한 고려 사항이 아니다. 마을의 통로는 시지각을 이용해서 특별한 경로 경험이 일어날 수 있도록 배려를 하지만 뉴타운의 통로에선 시지각 같은 것은 필요 없다. 공항에서 흔히 사용되는 무빙 워크를 떠 올리면 된다. 사람들은 아무 생각없이 그저 통로를 따라가다 보면 목적지에 다다르게 된다. 뉴타운에서는 이걸 효율이라고 부른다.

마을에서 사용하는 통로 만들기에서 나타나는 첫 번째 특징은 나뭇가지길에서 나타나는 방향과 관련이 있다. 뉴타운에서 사용되는 통로는 격자형이다. 격자형에서는 앞뒤도 없고 좌우도 없다. 어느 방향에서 보나 동일하다는 얘기다. 하지만 나뭇가지길에는 방향이 있다. 굵은 가지쪽, 즉 폭이 넓은 통로가 시작점이고 폭이 좁은 길이 끝점이라는 방향성이 있다. 이 방향은 대개는 남북 방향과 일치하게 된다. 이유는 우리나라의 자연 때문이다. 북반구에 위치한 탓에 남쪽에서부터 햇빛을 받아야 하고 산지이기 때문에 남향받이를 선택하는 것이 좋고 그러다보면 자연스럽게 나뭇가지길은 남쪽에서 시작해서 북쪽으로 퍼져나가게 된다.

두 번째 특징은 시지각과 경로 경험을 구성하는 영역성에서 나타난다. 나뭇가지길을 사용하는 전통 마을에서는 마을 안길이 뚜렷하게 존재한다. 마을 외부에서 마을로 들어가는 가장 큰 길이다. 이 길을 따라서 마을에서 사회적 관계상 서열이 가장 높은 집들이 들어서 있다. 마을을 드나드는 사람들은 이 집을 보지 않을 수 없다. 이런 서열 높은 집들은 단지 시각적으로만 독특한 것이 아니다. 그 집 앞은 일종의 눈에 보이지 않는 영역을 형성한다. 마을 안길의 일부를 뚝 잘라서 마치 자기 집 안마당인 것 같은 느낌을 준다는 얘기다. 마을 안길을 지나다니는 사람은 서열 높은 집의 영역을 지나는 것과 매 한가지다.

시지각의 우열은 서열을 만들어 내는 데 효율적이기는 하지만 꼭 그런 식으로만 사용되지는 않는다. 마을의 극장은 규모와 높이로 우월한 시지각 대상이 된다. 또한 조양문과 같은 문화재 또한 우월한 시지각 조건을 갖추고 있다. 극장과 조양문이 우수한 시지각적 조건에도 불구하고 서열을 만들어 내는 역할을 하지 않는 것은 그들이 어떤 특정인 혹은 특정 집단만을 위한 공간이 아니기 때문이다. 극장과 조양문은 공공을 위한 것이다. 이들은 시지각상의 우월성으로 인해 랜드마크 역할을 수행하며 또한 모든 마을 사람의 물리적 접근과 사용을 허락함으로써 공동체 의식을 형성하는데 도움을 주기도 한다.

집성촌이 시지각과 영역 거쳐 가기, 즉 경로 경험을 활용한 도시 차원의 사례라면 개별 건물 차원의 사례는 한옥의 사랑채다. 사랑채는 시지각을 이용해서 행랑채를 감시한다. 또한 안채 사람들이 사랑채 영역을 거쳐 지나가게 함으로써 가부장으로서의 권위를 세운다. 반면에 사랑채에서 안채로 통하는 숨은 통로를 만듦으로써 타인의 시선으로부터 자신을 보호하기도 한다. 사랑채가 완벽한 권위를 갖춘 아버지의 공간이 되게 하는 고안이다.

왜 마을과 뉴타운은 다른가?

나는 지금까지 건축도시의 물리적 구조와 사람들의 행동 양식 간의 관계에 대해서 얘기했다. 얘기의 골자는 특정한 물리적 구조는 특정한 행동을 하게 만든다는 것이고 이 과정이 반복되면 사람들은 자신도 모르는 사이에 길들여지게 된다는 것이다. 길들여진다는 것은 한 인간이 가지는 가치관을 형성하는 데 지대한 역할을 한다.

사람의 가치관은 여러 다양한 방식으로 형성된다. 하지만 다양하기는 하나 크게 나누어 보면 딱 두 가지다. 하나는 의식적인 것이고 다른 하나는 무의식적인 것이다. 의식적인 것에 해당하는 것이 교육이다. 교육은 모범을 제시하고 그것을 따르라고 한다. 가치관의 형성을 가장 직접적이고도 강력하게 지배한다. 반면에 무의식적인 것이라 할 수 있는 것들은 대개 생활 속에서 몸에 익어져서 생기는 것이다. 달리 말하자면 길들여져서 생기는 것이다. 건축도시의 물리적 구조는 길들이는 방식으로 사람들의 가치관 형성에 개입한다.

마을과 뉴타운에서 살펴 본 바와 같이 '건축도시의 물리적 구조 = 특정 행동 양식 = 가치관' 이라는 등식이 성립하게 된다. 마을은 마을 사람대로의 가치관을 가지게 만들고 뉴타운 또한 마찬가지다. 나는 마을에 존재하는 혹은 존재했던 열 두 개의 사례들을 통해서 이 등식이 성립하는 과정에 대해서 얘기했다. 이제부터 건축도시의 특정한 물리적 구조가 왜 그렇게 되었는지에 대해서 얘기해보려고 한다. 마을과 뉴타운의 물리적 구조가 다른데, 그것이 왜 달라질 수밖에 없었는가에 대한 얘기다.

건축도시는 사람의 행동을 담는 그릇

건축도시는 흔히 사람의 행동을 담는 그릇이라고도 한다. 물을 담는 그릇은 형태에 별 구애를 받지 않는다. 물이란 어떤 모양도 될 수 있으니 그저 들어갈 만한 부피만 적정하면 된다. 물론 물이 들어가고 나올 때의 편리함을 생각한다면 그릇의 형태를 그에 맞추어 만들어야 할 필요가 있을 것이다. 하지만 물을 담는다는 측면에서만 보면 모양은 아무래도 좋다. 그런데 사람은 물과 다르다. 물은 어떤 모양도 될 수 있지만 삶을 유지하기 위해서 인간이 해야 하는 행동은 특별하게 정해져 있다. 건축도시는 그런 특별한 형태를 담을 수 있는 모양을 갖추어야 한다.

마을의 건축도시 구조와 뉴타운의 건축도시 구조가 다르다는 것은 그 안에 담기는 특정 내용물에 차이가 있음을 의미한다. 마을과 뉴타운의 공간구조가 왜 다르게 되었는가를 알고 싶다면 마을에는 무엇이 담겨 있었고, 뉴타운에는 무엇이 담겨 있는지 알면 된다. 마을은 마을대로 담겨지는 것에 적합한 구조를 가졌어야 할 것이고, 뉴타운은 뉴타운대로 또 그럴 것이다.

마을에 사는 자영업자

마을에 담겨지는 것은 자영업자다. 반면에 뉴타운에 담겨지는 것은 월급쟁이다. 마을은 자영업자를 담기 위해서 저만의 독특한 건축도시 공간 구조를 가지게 된 것이고, 뉴타운은 월급쟁이를 담기 위해 그리된 것이다.

반세기 전 즈음으로 돌아가서 마을에는 어떤 사람들이 살았는지 생각해 보자. 마을 사람들 중 절반이 넘는 사람들이 농사를 짓고 살았다. 그들 중 일부는 소작인도 있었겠지만 대개는 소규모의 자영농민이었다. 나머지 중 대부분은 상공업에 종사했다고 봐도 된다. 당시는 뉴타운의 대형마트 같은 것도 없었고 큰 공장도 없었으니 상공업 종사자 대부분은 소규모 자영업자였다. 농사를 짓든 상공업에 종사하든 모두가 다 자영업자였던 셈이다.

자영농이라면 온 식구가 농업에 종사한다. 아버지, 어머니로부터 일손을 거들 나이가 된 모든 가족 구성원들이 협업 체계를 이루고 있다. 자영상공업자도 마찬가지다. 직원 채용의 최우선 순위는 가족이다. 여기서도 마찬가지로 아버지, 어머니 그리고 철든 가족 구성원이 직원 역할을 한다.

마을에서는 누구나가 다 자영업자였다. 자영업자라는 것은 생산수단을 소유한다는 의미다. 그런데 건축도시의 공간 구조를 형성하는 측면에서 보자면 그건 별로 중요하지 않다. 우리가 주의를 기울여 볼 만한 중요한 것이 따로 있다.

첫 번째는 자영업자들은 집단생활을 한다는 점이다. 자영업자들이 단체생활을 하는 것은 비단 생산 부문에서만이 아니다. 소비할 때도 마찬가지다. 이때 소비의 개념은 매우 포괄적이다. 일하지 않는 모든 행위를 포함한다고 봐도 된다. 생산에 필요한 에너지를 재생산하기 위한 휴식으로부터 생산하지 않아도 되는 시간을 소모하기 위한 여가활동까지를 다 포함한다. 마을에서는 실로 개인적으로 행동할 일이 별로 없다. 화장실 가는 것 빼고는 전부가 다 단체 활동이었다 해도 과언이 아니다. 단체 활동이 건축도시 공간 구조의 형성에 영향을 미칠 때는 두 가지 양상으로 나타난다. 하나는 활동 단위를 단체로 잡아야 한다는 것이고, 다른 하나는 프라이버시라는 것이 개개인만의 것이 아니라 단체의 것일 수도 있다는 점을 고려해야 한다는 것이다.

두 번째로 중요한 것은 자영업 공동체 안에서는 자본주의적 거래 방식이 자리 잡지 않았다는 점이다. 자영업 공동체 구성원은 공동으로 일하고 일한 결과물을 필요한 대로 가져다 쓴다. 생산이라는 측면에서 보자면 공동생산이고 소비라는 측면에서 보자면 공동기탁에 가깝다. 자영업 공동체 내부에서 서로에게 필요한 것을 주고받는 거래의 형식은 상호적이다.

상호적 관계에서는 증여받은 방식으로 되돌려 준다. 쌀로 증여를 받았다면 쌀로, 노동력을 증여 받았다면 노동으로 보답한다. 그런데 자본주의적 거래 방식이 이미 자리를 잡았다면 그리 번거롭게 할 필요가 없다. 거기에는 화폐, 즉 돈이라는 절대적 기준가치가 이미 존재하기 때문이다. 무엇을 증여 받았던 간에 돈으로 보답을 하면 된다. 이런 일은 보답에만 해당하는 것도 아니다. 증여도 마찬가지다. 증여받는 사람이 무엇을 필요로 하든 간에 돈을 증여하면 된다.

자본주의적 거래 방식의 세계에서는 특별한 가치가 부인된다. 모든 것을 돈으로 환산되어질 수 있어야 하기 때문이다. 돈으로 환산될 수 없는 가치는 인정되지 않는다. 이러한 사회에서는 어느 누구든 혹은 그 무엇이든 '얼마짜리'일 뿐이다. 한편 여전히 상호적 관계를 유지하고 있는 자영업 공동체 내부에서는 상황이 다르다. 누군가로부터 받은 심정적 위로라는 증여를 받은 사람이 돈으로 보답한다는 것은 적절치 못한 일이다. 이 세계에서는 여전히 특별한 가치라는 것이 인정된다. 개인은 개인대로, 물건은 물건대로 나름의 가치로 존재한다. 다시 한 번 말하지만 이렇게 될 수밖에 없는 것은 자영업 공동체에서는 자본주의 세계에서 인정되는 만능의 척도가 그 세계에서처럼 강력하게 존재하지 않기 때문이다.

이런 차이는 사람들 간의 관계에 큰 차이를 만든다. 자본주의적 거래 방식에서는 구성원 상호간에 평등을 유지하게 만든다. 이 세계에서 각 개인은 값어치의 크기가 좀 다를 뿐이다. 돈으로 환산되어지는 일반적 존재이기는 마찬가지다. 반면에 상호적 관계에서는 각 개인의 특별한 가치가 인정된다. 특별한 예를 들자면 공동체의 우두머리와 공동체 구성원 간에 증여와 보호의 관계가 성립한다. 자영업 공동체 구성원은 자신의 노동력을 증여하고 공동체의 우두머리는 물질적(경제적인 것을 당연히 포함), 정신적으로 구성원을 보살피는 관계가 유지된다. 자본제적 거래 방식과 상호적 교환방식의 차이는 사람들 간에 각각 평등과 불평등의 관계, 다른 시각에서 보자면 이익사회적인 인간관계와 공동사회적인 인간관계를 가능하게 해준다는 점이다. 자영업자가 사는 마을에는 여전히 불평등이 존재한다. 하지만 그 불평등의 또 다른 이름은 공동사회이다.

자본주의적이냐 상호적이냐 하는 거래 방식의 차이는 사람과 사람의 관계에만 변화를 가져오는 것이 아니다. 사람과 물건들 간의 관계에도 변화를 가져온다. 베버식으로 보자면 상호적 관계에서는 물건에 주술적인 힘이 존재한다. 물건에 증여를 하는 방식으로 물건으로부터 보호 또는 해꼬지 하지 않음을 기대하게 되는데 바로 물건에 대한 증여가 주술이 된다. 반면에 자본제적 거래 방식에서는 물건은 단지 돈으로 사고 팔 수 있는 물건 만으로 존재할 뿐이다.

거기에는 주술의 힘이 이미 존재하지 않는다. 자본주의적 거래 방식이 아직은 깊숙하게 뿌리박지 않은 마을에는 여전히 주술의 힘이 존재한다.

뉴타운에 사는 월급쟁이

뉴타운에는 월급쟁이들이 모여 산다. 인구의 구십 퍼센트 이상이 회사에 다니는 월급쟁이들이다. 이들을 상대로 장사를 해서 생계를 이어가는 소상공인들이 있기는 하지만 그들 중 대다수도 대형 상공업 운영자들에 매여 있는 사람들이다. 월급쟁이이기는 마찬가지다. 뉴타운에는 극히 일부의 사람들을 제외하고는 모두 다 월급쟁이들이다. 월급쟁이라는 것은 생산수단을 소유하지 않았음을 의미하는데, 건축도시 공간 구조라는 측면에서 보자면 이것 역시 별 의미가 없다. 오히려 중요한 것은 다른 데 있다.

첫 번째로 중요한 의미를 가지는 것은 뉴타운의 월급쟁이들은 철저하게 개인생활을 한다는 점이다. 이들은 기업이라는 집단에 속해서 생산 활동을 하기는 하지만 분업이 고도로 발달한 뉴타운 사회에서는 이들의 생산 활동은 지극히 개인적이 된다. 소비활동은 더욱 그렇다. 혼자 먹고 혼자 논다. 오죽했으면 '나홀로 식당'이 나타났을까. 뉴타운에서는 모든 활동의 기본 단위가 개인이 된다.

뉴타운에서 프라이버시는 이제 어느 단 한 사람만의 것이 된다. 서로 간에 감출게 없는 집단의 존재는 없다. 오직 개인 프라이버시가 있을 뿐 집단 프라이버시는 없다. 없는 것이 문제가 아니라 존재했

나홀로 식당

었다는 사실 자체도 잊어버리는 게 문제다. 현재 없더라도 예전에 있었다는 것을 기억하는 한 필요하다면 되찾아 올 수도 있는 일이다. 하지만 기억이 없다면 되찾아올 생각도 하지 못하게 된다.

두 번째로 중요한 것은 뉴타운에서는 상호적 거래 방식을 더 이상 찾아보기 어렵게 되었다는 점이다. 대신에 자본제적 거래 방식이 주류를 이룬다. 모든 것을 화폐라는 매개체를 이용해서 구매한다. 이 세계에 존재하는 모든 사람과 물건은 화폐로 표시되는 동종의 존재가 된다. 이로써 월급쟁이가 사는 마을 사람들 간에는 평등이 존재한다. 한편 사람과 물건 사이엔 주술적 관계란 존재하지 않는다. 모든 물건은 화폐로 부릴 수 있는 대상이 된다. 증여, 즉 주술을 부리고 그로부터 보답을 기대하는 행위는 무의미하고 불합리한 것이 된 셈이다.

마을과 뉴타운의 차이

마을과 뉴타운의 차이는 자영업자가 산다는 것과 월급쟁이들이 산다는 것의 차이이다. 마을은 자영업자의 삶을 담는 그릇이어야 하고 뉴타운은 월급쟁이들의 삶을 담는 그릇이어야 한다. 따라서 마을과 뉴타운은 다를 수밖에 없다.

첫 번째 차이는 활동단위의 차이로부터 발생한다. 마을에는 자영업 공동체가 단체로 하나의 단위로 기능한다. 뉴타운에서는 직장인 개인 하나 하나가 사회적 단위가 되어 기능한다. 활동 단위의 차이가 무엇을 의미하는지는 간단한 예로 알 수 있다. 식당을 짓는다고 하자. 마을에서는 단체석이 위주가 되어야 하고 반면 뉴타운에서는 개인석이 위주가 되어야 한다.

두 번째 차이는 첫 번째 조건으로부터 파생되는 것인데 집단 프라이버시의 존재 유무이다. 사회적 기능을 하는 단위에 프라이버시가 필요하고 그 필요에 따라 제공되는 것은 마을이나 뉴타운이나 마찬가지다. 마을에서는 집단에게 프라이버시가 주어지고 그것이 집단 프라이버시가 된다. 뉴타운에는 그것이 없다. 좀 전의 식당으로 돌아가 보자. 마을의 식당에선 개별실이 자주 눈에 띈다. 한 무리를 위한 프라이버시를 강화하기 위한 고안이다. 개별실 안에 들어앉은 사람들에게는 이들 전체를 위한 집단 프라이버시가 주어진다.

세 번째 차이는 거래 방식의 차이로부터 발생한다. 자영업 공동체 안에서는 상호적 거래 방식이 기능한다. 뉴타운에 사는 직장인들은 매우 자본주의적인 거래 방식으로 산다. 앞서 얘기했듯이 거래 방식의 차이는 마을과 뉴타운에 각각 불평등과 평등, 그리고 다른 시각에서 보자면 공동사회적 가치관과 이익사회적 가치관을 가져왔다. 건축도시를 구성하는 단위 공간들이 다른 단위공간들과의 특별한 관계로부터 발생하는 모든 불평등, 다른 시각에서 말하자면 권위는 부정된다.

네 번째 차이는 세 번째 차이로부터 파생된다. 상호적 관계가 자본주의적 거래 방식으로 바뀌는 것은 단지 사람과 사람 간의 관계 뿐만 아니라 사람과 물건의 관계에서도 마찬가지다. 사람과 물건 사이에 존재하던 불평등 또한 평등의 관계로 바뀐다. 이것도 다른 시각에서 달리 볼 수 있다. 한때 특별한 물건에 붙어있던 권위가 사라졌다는 것을 의미한다. 이제 그런 권위들을 이용해서 건축공간을 구성했던 방법론은 모두 힘을 잃을 수밖에 없다.

자영업자가 사는 마을과 월급쟁이가 사는 뉴타운은 위와 같은 네 가지 측면에서 특징적으로 달라진다. 그 차이를 본문에서 언급한 열두 가지 사례에서 구체적으로 확인해 보자.

첫 번째 사회활동 단위의 차이에서 비롯되는 것이 기차역과 주차장이다. 오일장과 대형마트가 그렇고, 극장과 멀티플렉스가 또 그렇고, 공터와 데드 스페이스도 마찬가지다.

최초에 기차역이 발생한 것은 대중교통 수단으로 기차가 먼저 발명된 탓이다. 하지만 꼭 그런 것만도 아니다. 이동 발생 단위가 각 개인이 아니었기 때문에 대중교통기관이 발명된 것이라고 볼 수도 있다. 기차라는 대중교통기관 발명 당시 이미 사회에서 활동의 주 단위가 개인이었다면 개인 교통이 먼저 발명되었을 수도 있다. 기차역이 생겨나지 않았을 수도 있다는 말이다. 어찌됐든 마을의 기차역은 뉴타운 아파트 단지 주차장에게 그 자리를 내주게 된다. 사회활동의 기본 단위가 개인이 되었기 때문이다.

상설시장 성격의 대형마트가 활성화될 수 있는 것은 소비 수요의 증대이다. 마을 사람들에 비해 뉴타운 사람들의 소비 수요가 증가한 것은 분명하다. 예전 마을이라면 집 안에서 해결하던 많은 것들을 대형마트에서 해결하기 때문이다. 하지만 또 다른 측면이 있다. 소비활동 방식이 달라진 것이다. 예전 마을 사람들은 공동으로 자영업 공동체가 필요한 물건을 한꺼번에 사들이면 되었다. 반면에 뉴타운에서는 개인이 자기에게 필요한 물건을 산다. 마을에서는 한 번 사면 될 것을 뉴타운에서는 여러 번 사야 된다. 시장에 갈 빈도가 늘어난 셈이다. 소비 역량의 증대와 함께 시장 방문 빈도의 증가가 오일장을 밀어내고 대형마트를 불러들인 셈이다.

극장이 사라지고 멀티플렉스가 유행하게 된 것도 마찬가지다. 마을의 자영업 공동체에서는 생활의 패턴이 같아지게 된다. 일의 시작이나 일의 끝, 그리고 휴식이나 여가의 시간도 비슷해진다. 또한 지속되는 공동체 생활은 서로의 관심사도 비슷하게 만든다. 자영업 공동체 구성원들이 영화를 보고 싶다는 생각이 들고 또 그리 할 수 있는 시간대가 동일할 뿐만 아니라 관심사 또한 유사하다. 이들은 마을에서 상영되는 단 한편의 영화로도 만족할 수 있다. 뉴타운의 직장인들은 제각각이다. 영화를 보고 싶은 시기도 다르고 관심사도 가지각색이다. 이들에게는 다양한 얘깃거리가 필요하다. 뉴타운의 시대에 이 사람도 저 사람도 다 만족시킬 수 있는 영화를 만들기란 쉽지 않다. 그렇다면 해결책은 멀티플렉스다. 다양한 영화를 다양한 시간대에 즐길 수 있게 해주는 길 뿐이다.

사람들은 혼자 있을 때와 친구 여럿이 함께 있을 때 하는 행태가 달라진다. 혼자라면 할 수 없던 일도 여럿이라면 감히 해낸다. 예를 들어 버스를 타고 가는데 버스 안이 더워서 창문을 열고 싶다. 그런데 혼자라면 선뜻 문을 열지 못한다. 다른 승객은 덥지 않다고 느낄 수도 있을 거라는 생각 때문이다. 그리고 문을 열었을 때 있을지도 모르는 항의를 받으니 차라리 참는 게 낫다고 생각한다. 하지만 지인들과 함께라면 과감히 창문을 열기도 한다.

뭔가 없던 상황을 만들어서 다른 것을 할 수 있는 힘은 여럿이 있을 때 쉽게 생겨난다. 마을의 공터가 이런 용도로도, 저런 용도로도 사용될 수 있는 것은 마을에는 떼로 몰려다니는 사람들이 있기 때문이다. 그 집단은 혼자 있을 때는 하지 못할 일들을 무리의 힘을 빌려서 할 수 있다. 제법 규모가 되는 공터의 용도를 결정하고 그것을 일시적이기는 하지만 자신들만의 공간으로 사용할 수 있는 것은 무리의 힘 때문이다.

뉴타운에는 몰려다니는 떼가 없다. 모두가 다 개인이거나 기껏해야 삼삼오오 몰려다닐 뿐이다. 무리의 힘을 믿고 공적 공간을 사유화할 엄두를 내질 못한다. 뉴타운에서 공터는 그냥 공터로 남기 마련이다. 아주 때때로 그 공터를 자신들의 것으로 사유화하는 무리들이 나타나기도 하는데, 이들은 대체로 동네 불량배들이다. 그런 부류가 아니고서는 공터를 일시적으로라도 자신들만의 것으로 사용할 엄두를 내지 못한다. 뉴타운에서는 공터를 남겨 두어서 일시적인 목적에 사용할 수 있도록 해 주어봤자 활용되기 어렵다.

두 번째 집단프라이버시의 유무에서 비롯되는 차이가 바로 가족탕과 찜질방이다. 여행사에서 운영하는 단체여행에 나선 부부를 생각해보자. 이 단체에는 부부도 있고, 또한 혼자 온 사람도 있다. 이들에게 방을 배정한다고 하자. 혼자 온 사람에게 독방을 내줄 것이고, 부부에게도 방 하나를 내줄 것이다. 부부에게 방 두 개를 내주고 따로 사용하라고 하지는 않는다. 부부라는 집단에게 주어지는 집단프라이버시의 존재를 인정하고 있기 때문이다. 마을의 가족에겐 '가족 프라이버시'라는 것이 존재했던 터이다. '가족 프라이버시'라는 것을 더이상 인정하지 못하는 뉴타운에선 가족탕이란 어불성설이다.

세 번째 교환방식의 차이에서 비롯되는 것이 셋방과 다가구주택, 과거의 조양문과 현재의 조양문, 나뭇지형 길과 격자형 길, 집성촌과 부자촌 그리고 아버지 같은 아버지와 친구 같은 아버지 문제이다.

셋방살이에는 공간을 빌려 쓰는 대신에 주고받는 돈 이상의 것들이 있다. 좋게 보면 인간적인 정이고 나쁘게 보면 불평등한 인간관계다. 상호간에 나누어 가질 수 있는 정이 있다면 그것은 매우 바람직한 일이다. 그런데 상호간에 오가는 정 이면에 떼어 내고 싶어도 그럴 수 없는 불평등한 인간관계가 있다. 그런 불평등한 인간관계를 불가피하지만 상호적 관계 속에서 통제할 수 있는 것으로 받아들이기에 마을에는 셋방살이가 있다. 반면에 자본제적 거래 관계에 철저한 뉴타운에서는 셋방살이에 묻어나는 인간적인 정과 불평등한 관계는 공존할 수 없다.

조양문이 더이상 예전의 조양문일 수 없고 나뭇가지형 길보다 격자형 길이 선택될 수밖에 없는 것은 형식적 평등주의의 팽배에 이유가 있다. 불평등한 효율보다는 평등한 비효율을 원하기 때문이다. 적극적으로 원하지 않는다 해도 불평등한 효율을 유지관리할 능력도 의지도 사라졌기 때문이다. 형식적 평등주의의 팽배는 자본제적 거래 방식으로부터 비롯된다. 모두가 모두에 대해서 하나의 상품인 세상이 왔기 때문이다. 하나의 상품은 다른 어떤 상품에 대해서도 특별한 지위를 요구할 수 없다. 그건 상호적 세상에서만 그럴 수 있었을 뿐이다.

집성촌의 기본은 공동생산이고 공동체 안에서 거래 방식이 상호성을 기반으로 하기 때문에 유지된다. 연장자는 노동력을 증여받고 그 대가로 보호를 제공한다. 아버지의 공간이 유지되는 것도 같은 맥락에서다. 집안의 유일한 경제 생산자인 아버지는 가족 구성원들로부터 존경을 받고 그 대가로 보호를 제공한다. 공동체 안에 상호성 대신 자본제적 거래 관계가 성립되면 이런 관계는 더이상 유지되기 힘들다. 공동체 내의 연장자와 연소자는 노동력과 화폐를 맞바꾸는 관계가 되고, 맞벌이가 일상화된 뉴타운의 가족에서 더이상 유일한 경제 생산자가 아닌 아버지는 그저 가족 구성원 중의 하나일 뿐이게 된다. 상호적 관계가 사라질 때 집성촌은 더이상 유지될 수 없고 아버지의 공간이 존재할 명분도 없어진다.

네 번째 자본제적 거래 방식의 일상화로 인한 주술의 상실로부터 비롯되는 것이 금지된 공간과 귀신이 사는 공간의 소멸이다. 분명 주술이 더이상 필요없게 된 것은 과학의 발달이다. 과학으로 설명되지 않는 것에 대해서 느끼는 필요 이상의 두려움을 해결하기 위해서 선택된 방법 중의 하나라고 할 수 있는 것이 주술이다. 과학으로 설명할 수 있으면 주술은 당연히 사라지게 된다. 상엿집에 살고 있는 귀신도, 당집의 귀신도, 그리고 우리와 수 백 년을 함께 살아온 집안 귀신들도 과학적 설명과 함께 우리 곁을 떠나갔다. 하지만 우리가 귀신의 소행이라고 믿었던 모든 것들이 과학으로 다 설명되었는가? 그건 아니다. 과학으로 설명되지 않는 것들도 비과학적이라는 이름으로 휩쓸려 나갔다. 그리고 우리는 그것이 충분한 설명이 되지 않음에도 불구하고 어렵지 않게 받아들인다. 그 이면에는 자본제적 거래 관계의 일상화가 견고하게 자리 잡고 있다. 자본제적 거래 관계는 사람을 돈으로 살 수 있게 만들었고, 모든 물건을 그리 만들었고, 심지어 귀신까지도 하나의 물건으로 만들었다. 돈으로 살 수 있는 물건으로. 상호적 관계가 유지되던 자영업자의 공동체에서라면 불가능했을 일이다.

억압된 것으로의 고차원적 회귀 그리고 부모의 유년 기행

마을에는 뉴타운에 없는 무엇인가가 있었다. 공동체 의식, 소속감, 주술의 힘, 보호받는 느낌 등 긍정적인 것들이다. 그런데 이 느낌의 이면에는 집단주의, 구속받는 느낌, 미신, 복종 등 이런 부정적인 느낌도 동시에 존재한다. 뉴타운 사람들은 마을에 있던 것들을 성급하게 버렸다. 부정적인 것이라면 말할 것도 없지만 부정과 긍정이 섞여있는 경우라도 그랬다. 공동체 의식에서 집단주의의 냄새를 떨쳐낼 수 없다면 공동체 의식을 버렸고, 보호받는 느낌에 복종의 구차함이 묻어난다면 보호받는 느낌의 구조도 기꺼이 버렸다. "Don't throw the baby out with the bathwater"라는 영어의 관용 표현이 생각나는 대목이다. 나쁜 것은 미련없이 제거할 수 있지만 긍정적인 면과 부정적인 면이 공존하는 가치들은 단번에 포기하기 어렵다. 버린다 해도 뒤돌아보기 마련이다. 이런 경우 대개는 억압을 한다. 눌러 놓는 것이다.

집단주의가 싫고, 구속받는 느낌이 싫고, 미신이나 복종이 싫어도 그 이면에 붙어 숨쉬는 공동체 의식, 소속감, 초월적 힘, 보호받는 느낌을 마냥 포기하기는 쉽지 않은 일이다. 포기할 수 있다 해도 존재 자체를 부인할 수는 없는 일이다. 또한 억압적으로 이루어지는 포기가 영구적으로 성공할 수도 없다. 너무 쉽게 버려진 것들이, 억압적으로 포기된 것들이, 아쉽지만 꾹꾹 누르고 있어야 했던 것들이 다시 돌아오고 있다.

오일장은 상설 시장화된 민속시장으로, 가족탕은 가족만을 위한 수영장으로 진화한 새로운 가족탕으로, 셋방살이는 가족의 역할을 대신할 공동체가 그리워 고안된 코하우징으로, 조양문은 시민의 발길을 받아들인 숭례문으로, 극장은 여전히 극장 전속 화가가 포스터를 그려 붙이는 1933년생 단관극장 광주극장처럼 명맥을 잇기도 하고, 집성촌은 도시 속 고향을 꿈꾸는 공동체 마을인 성미산 마을로 되살아나기도 한다. 억압된 것의 되살아 돌아옴이다. 그런데 억압된 것으로의 회귀가 아닌 것은 억압된 것 그 자체로서가 아니고 나쁜 면을 털어낸 고양된 모습으로 돌아오기 때문이다. 억압된 것의 고차원적 회복이라는 표현이 이런 경우를 위해 사용되기도 한다.

부모와 자식은 시대나 장소를 막론하고 애증의 관계에 쉽게 빠지게 된다. 부모자식 간의 갈등을 설명하기 위해 프로이드를 사용할 수도 있을 것이고 세대 차이라는 개념을 끌어올 수도 있을 것이다. 그런데 프로이드든 세대 차이 이론이든 그저 설명에 그친다. 부모와 자식이 서로 소원한 관계를 유지하면서 애증의 관계를 그럭저럭 유지하려고 하는 상황을 고려한다면 그런 설명은 별다른 소용이 없다. 부모와 자식의 애증의 관계에 무슨 설명을 갖다 붙이든 달라질

새로운 가족탕

코하우징

숭례문

광주 극장

성미산 마을

것이 없다.

나는 이 책에서 부모와 자식의 애증 관계를 설명하기 위해 건축도시이론을 도입하고 있는지도 모르겠다. 좀더 구체적으로는 '건축도시공간의 물리적 구조 = 특정 행동 양식 = 가치관'이란 등식을 사용한다. 프로이드나 세대 차이와 같은 또 하나의 이론이다. 하지만 자식이 보기에 이해할 수 없는 부모의 가치관이 성립된 이유를 건축도시공간의 물리적 구조에서 찾는 것은 설명이 아니라 변명이다. 부모가 부모의 가치관을 가질 수밖에 없었던 상황에 대한 변명이다. 나는 유학 시절 만난 일본인 친구의 이해하기 힘든 행동과 가치관을 그의 집을 방문함으로써 조금이나마 이해할 수 있었다. 상당히 흥미로웠던 그 경험을 기초로 나는 부모와 자식 간의 얽혀있는 관계를 변명해보고자 했다. 그리고 사춘기를 지나면서부터는 평생을 맞닥뜨리게 되는 부모의 이해할 수 없는 가치관과 행동을 정말 이해하고 싶다면 부모가 유년기를 보낸 그의 마을로 여행을 떠나볼 것을 제안하고 있는 것이다.

마을은 자영업자들이 정주하는 곳이고 뉴타운은 직장인들이 유목하는 곳이다. 정주민과 유목민이 서로를 당장에 이해하지 못하는 것은 당연한 일일지도 모른다. 유목민이 정주민을 이해하고자 한다면 마을을 찾아 그들의 전반적인 생활 습성을 알아가는 것 만큼 좋은 방법도 없을 것이다. 거기서 유목민은 정주민을 이해할 확실한 방도를 찾지는 못한다 해도 정주민의 이야기를 들어 볼 기회는 얻을 수 있을 것이기 때문이다. 산골 사람과 바닷가 사람이 만나서 얘기하는 것처럼.